内蒙古自治区自然科学基金项目(2019MS05042、2019MS05053)

顶板残留煤柱和底板残留巷道对综采采场围岩影响及工程应用

孙　明　张学亮　郑文翔　著

中国矿业大学出版社

·徐州·

内 容 提 要

本书研究了极近距离上覆煤柱高应力集中区致灾危险性,分析了上覆煤柱稳定性和危害性,数值模拟了上覆煤柱稳定性和极近距离煤柱下煤层开采情况;研究了极近距离上覆煤柱高应力集中区解危技术,提出了极近距极近距离上覆不规则煤柱解危方法;设计了极近距离上覆煤层煤柱高应力集中区解危区域方案,系统设计了巷道布置方案、掘进设备工艺及生产系统;总结了极近距离上覆煤柱高应力集中区解危安全保障技术。本书可供采矿、安全等专业的学生和教师参考使用。

图书在版编目(C I P)数据

顶板残留煤柱和底板残留巷道对综采采场围岩影响及

工程应用/孙明,张学亮,郑文翔著.—徐州:中国

矿业大学出版社,2020.12

ISBN 978 - 7 - 5646 - 4550 - 2

Ⅰ.①顶… Ⅱ.①孙… ②张… ③郑… Ⅲ.①综采工

作面—围岩控制—研究 Ⅳ.①TD822

中国版本图书馆 CIP 数据核字(2020)第005111号

书　　名	顶板残留煤柱和底板残留巷道对综采采场围岩影响及工程应用
著　　者	孙　明　张学亮　郑文翔
责任编辑	于世连
出版发行	中国矿业大学出版社有限责任公司
	(江苏省徐州市解放南路　邮编221008)
营销热线	(0516)83885105　83884103
出版服务	(0516)83995789　83884920
网　　址	http://www.cumtp.com　**E-mail**:cumtpvip@cumtp.com
印　　刷	徐州中矿大印发科技有限公司
开　　本	850 mm×1168 mm　1/32　**印张** 8　**字数** 215 千字
版次印次	2020 年 12 月第 1 版　2020 年 12 月第 1 次印刷
定　　价	32.00 元

(图书出现印装质量问题,本社负责调换)

作者简介

孙明(1983.12—),男,山东泰安人,山东科技大学硕士研究生毕业,副教授,现为内蒙古科技大学矿业与煤炭学院教师。以第一作者发表论文 20 篇(SCI、EI 收录 5 篇,核心期刊收录 10 篇),出版学术专著 1 部,主持省部项目 2 项。

张学亮(1984.10—),男,山东临朐人,煤炭科学研究总院硕士研究生毕业,副研究员,注册安全工程师。现就职于中国煤炭科工集团北京天地玛珂电液控制系统有限公司无人化开采项目部。获省部级 2 等奖 3 项、3 等奖 4 项;发表论文 20 余篇,以第一作者发表论文 8 篇;参与国家自然科学基金青年基金项目 2 项,参与编写国家标准 11 项。

郑文翔(1979.12—),男,山西山阴人,太原理工大学博士研究生毕业,副教授,现为内蒙古科技大学矿业与煤炭学院教师。其中以第一作者发表学术论文 20 篇,SCI、EI 收录 7 篇,核心 10 篇,出版学术专著 1 部,主持省部项目 2 项。

前　言

　　煤炭是我国经济发展的战略性资源,在国内常规能源结构中占据支柱地位。影响煤炭安全经济开采的因素有很多。煤炭开采环境的日益复杂化是制约我国煤矿安全高效开采的关键因素。随着我国煤炭开采逐渐走向深部,地温、应力和瓦斯相应增大,由于顶板残留煤柱和底板残留巷道导致的综合机械化采煤工作面的覆岩冒落及破坏,已经成为煤矿地下开采需要迫切关注和解决的问题。因此,研究顶板残留煤柱和底板残留巷道对综采采场围岩的渐变机制和控制措施,对于保障我国煤炭资源安全开采,提高综合机械化开采作业安全有着重大理论意义和工程应用价值。

　　本书首先针对顶板残留煤柱对综采采场围岩影响,分别以大路坡煤矿和沙坪煤矿为工程对象,概括了 11^{-2} 煤遗留煤柱概况并总结了当前国内外研究现状。同时,进行了极近距离上覆煤柱高应力集中区致灾危险性研究,分析了上覆煤柱稳定性和危害性,数值模拟了上覆煤柱稳定性和极近距离煤柱下煤层开采情况。研究了极近距离上覆煤柱高应力集中区解危技术,提出了极近距离上覆不规则煤柱解危方法,着重分析了上覆煤柱解危尺度、上覆煤柱区解危治理参数和深孔爆破处理参数;设计了极近距离上覆 11^{-2} 煤层煤柱高应力集中区解危区域方案,并对巷道布置方案、掘进设备工艺及生产系统进行了设计。最后,总结了极近距离上覆煤柱高应力集中区解危安全保障技术,有巷道掘进安全保障技术、瓦斯防治预案、老空区有害气体监测防治预案、火灾监测与防治预案和采空区积水防治预案。本书其次针对底板残留巷道对综采采场围岩影响，以山西省沙坪煤矿为例，首先分析了该面底板空巷区的具体分布，调研了当下国内采煤工作面过底板空巷的一些典型开采实例。同时，模拟分析了综采工作面推进至2号和4号空巷时底板的破坏情况，理论分析了工作面回采底板破坏深度和工作面过空巷时底板稳定性。最后，提出了综采工作面过底板空巷技术方案，对过空巷期间的综采工作面矿压显现情况进行了分析，重点总结了空巷顶板压力与位移监测数据。

　　本书是对上述论及的研究成果和资料以及多年来顶板残留煤柱和底板残留巷道对综采采场围岩影响及工程应用技术的进一步系统总结。本书由内蒙古科技大学孙明副教授、中国煤炭科工集团北京天地玛珂电液控制系统有限公司张学亮副研究员和内蒙古科技大学郑文翔副教授共同编著完成。其中，前言、目录、第1、2.1、2.2、2.3、3、4、7.1、7.2、7.3、9.1、9.2章节由孙明编著，第2.4、2.5、2.6、5、6、8章节由张学亮编著，第7.4、7.5、7.6章节由郑文翔编著，全书由孙明负责统稿和编审，研究生郭晨也提供了支持和帮助。本书出版得到了内蒙古自然科学基金项目（2019MS05042、2019MS05053）资助。还要感谢那些对本书给予帮助以及寄予热切期望和关怀而未能在此一一列出的同事和朋友们！

　　本书在编写过程中，参阅了国内外许多专家学者的论文、著作，向所有论著的作者表示由衷感谢！在本书编著过程中，得到了天地科技股份有限公司黄志增研究员的大力支持，特别感谢大路坡煤矿和沙坪煤矿有关领导对本书出版的大力支持！

　　由于时间比较紧迫和作者水平有限，书中难免存在不妥之处，恳请各位专家、同仁及广大读者予以指正。

著者

2020 年 10 月

目　录

第 1 章　绪　　论

1.1　引　　言

　　2019 年中国的国内煤炭产量为 38.5 亿吨,比 2018 年的增加 1.7 亿吨,占全球煤炭总产量的 51.7%。根据国家能源局公告,我国全部合法生产煤矿共计 4 602 家,全国煤炭产能为 38.78 亿吨,单井平均煤炭产能为 88 万吨/年。2019 年中国的累计进口煤炭为 2.7 亿吨,比 2018 年的增加 0.16 亿吨;2019 年中国的煤炭消费量为 41.2 亿吨,与 2018 年的基本持平,占全球煤炭总消费量的 50.6%。预计到 2030 年,我国煤炭消费量仍占一次能源消费总量的 50% 左右。可以说我国煤炭资源丰富,市场需求旺盛,支撑国民经济的主体地位稳定[1]。能源安全保障,供需结构失衡,产业集中不足,科学产能较低[2],生产安全保障薄弱等问题仍然存在,因此煤炭行业仍需进行大量的科学研究以满足现场需要。

1.1.1　大路坡 11⁻² 煤遗留煤柱概况

　　山西煤炭运销集团大路坡煤业有限责任公司位于大同市左云县水窑乡境内,归左云县水窑乡管辖。大路坡煤矿由左云县水窑乡大路坡村一号井煤矿、左云县水窑乡大路坡村三号井煤矿、左云县水窑乡兴隆沟村羊尾巴煤矿进行整合而成,被批准开采侏罗系 2、7、8、11、12、14 号煤层。大路坡煤矿生产规模为 0.45 Mt/a,矿区面积为 4.424 5 km²。

大路坡煤矿 11^{-2} 号煤层位于大同组下部,上距 8 号煤层 42.13 m,厚度 2.00～6.40 m,平均厚 6.00 m。该煤层结构简单,属于全井田稳定可采煤层。其顶板为灰黑色泥岩,含植物化石碎片,厚度 2.50～3.50 m,平均厚 2.93 m。

大路坡煤矿 11^{-3} 号煤层位于大同组下部,上距 11^{-2} 号煤层 3.7～8.4 m,平均距 5.00 m,煤层厚度 1.65～2.00 m,平均厚 1.78 m。

由于历史的原因,我国大多煤矿采用残柱式、高落式、仓房式等采煤方法。这不仅生产条件恶劣,劳动强度大,而且回采率低,还易造成自然发火。大路坡煤矿曾使用的三种采煤方式综述如下。

(1)刀柱式采煤法

它是在采区内每隔一段距离留设一窄煤柱,留下的刀柱支撑难以冒落的坚硬顶板,防止顶板垮落。一般刀柱间距为 25～50 m,最大达到 80 m,刀柱宽度为 4～12 m,一般为 5～7 m。

由于单体支柱工作面支撑能力低、支护稳定性差,而控制坚硬难冒顶板难以保证长壁回采的安全,所以长期以来为提高资源回收率,在旧的仓房式、房柱式开采的基础上,发展了长壁刀柱法开采。它与柱式体系采煤法在顶板管理方面是相似的,即都是在采空区残留一定面积的煤柱(俗称刀柱)支撑顶板,在工作面回采期间顶板不冒落,只有当回采达到较大面积时,才由于所留煤柱被压酥破坏,导致顶板大面积的冒落(俗称大面积来压)。

(2)高落式(巷柱式)采煤法

它是沿倾斜开掘切眼,然后从上而下回撤开采,并用爆破法崩落巷道上部和两侧的煤炭,用手耙等工具耙出煤炭,由人力装入运输工具,回采空间的顶板靠两侧煤柱支撑,采空区顶板不加以处理。

(3)残柱式采煤法

它是沿着煤层的走向开掘主要运输平巷,再在煤层里开掘巷道把煤层分割成许多长方形的煤柱,然后从边界往后退采各个煤柱。当开采某一块煤柱时,在这块煤柱里再做些纵横交错的开采巷道,把煤柱分割成几个小块煤柱。这样把巷道中的煤回采了出来,那些小煤柱残留在采空区支撑顶板。

大路坡煤业 11^{-2} 煤原先采取的采煤方法,如图 1-1-1 所示。

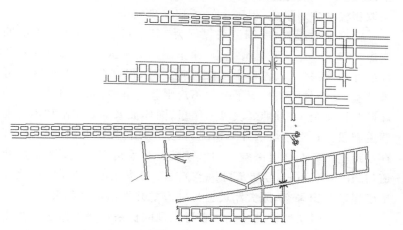

图 1-1-1 采煤方法示意图

大路坡煤矿整合前资料并不够翔实,根据走访调研和煤矿施工揭露的情况看,11^{-2} 煤层采取的开采方式为:三条巷道一组进行掘进,组宽 25 m 左右,巷道宽度 5 m 左右,煤柱宽度 5 m 左右,煤柱每隔 15 m 左右进行横穿 5 m 左右的巷道,为维持通风,横穿巷道内打密闭墙。由于留设的煤柱不太规则,煤柱尺寸 4~6 m 宽,15 m 长,间隔 5 m 左右。11^{-2} 煤层较厚,所以残柱式开采时主要大巷采用了锚杆支护顶板,横穿巷道多为裸巷,少数较早的主要巷道采用裸巷,中间打一排点柱。此种采煤方法类似于上述的残柱式采煤方法。

成组回采巷道的走向由于缺乏准确的资料已经无法掌握。在回采层间距较小(平均 5 m,一般 3 m 左右)的下层 11^{-3} 煤层长壁工作面时,11^{-3} 煤层工作面会频繁进出煤柱,加上 11^{-2} 煤顶板有层厚为 20 m 左右的细砂岩,若产生应力叠加影响,极易导致 11^{-3} 煤层工作面产生安全事故。因此,需要在 11^{-3} 煤层工作面正式回采前,对 11^{-2} 煤层遗留煤柱可能产生的危害进行系统研究,以便采取积极的应对措施,保障 11^{-3} 煤层实现安全回采。

根据地质报告,所剩可采煤层为 11^{-2}、11^{-3}、12、14 号煤层四层煤。11^{-2} 号煤层开采情况为:原羊尾巴煤矿及原大路坡三号井煤矿井田除采空区、各种永久煤柱损失外,仅剩余 35 万吨煤炭可采储量,并被数十条长短不一的不规则巷道破毁;原大路坡一号井煤矿井田剩余 32 万吨煤炭可采储量,同样被采空区切割和不规则巷道破毁。11^{-3} 号煤层开采情况为:原羊尾巴煤矿井田部分采空,存在蹬空区(14 号层采空)。12 号煤层开采情况为:仅掘少量巷道,存在蹬空区(14 号层部分采空)。14 号煤层开采情况为:原羊尾巴煤矿井田采空,原大路坡三号井煤矿井田西部全部采空。

11^{-2} 号煤层所剩储量无法布置正规的机采长壁工作面。初步设计:仅对 11^{-3}、12、14 号三层煤层进行开拓布置。主水平设在 14 号煤层,水平标高为 $+1\ 495$ m,11^{-3}、12 号煤层设辅助水平开采。采用集中布置,分层开采。设计大巷采用三巷布置,分别为胶带大巷、轨道大巷和回风大巷,均在 11^{-3} 号煤层沿底板布置。

设计划为三个盘区:原大路坡三号井煤矿剩余的 11^{-3}、12、14 号煤层可采煤量 F_2 断层以南划为一盘区,F_2 断层以北划为二盘区,原大路坡一号井煤矿井田剩余的 11^{-3}、12、14 号煤层可采煤量划为三盘区。盘区大巷采用三巷布置:盘区胶带大巷、盘区轨道大巷、盘区回风大巷;11^{-3}、12、14 号煤层三条盘区大巷重叠布置。

设计达产时开采 11^{-3} 号煤层,工作面长度为 140 m,采高为 1.78 m。一盘区首采工作面为 81101 综采工作面。该工作面设计采用 ZY5600/12/27 型支架、MF250/600-AWD2 型采煤机、SGZ730/320 型刮板输送机、SZZ730/110 型转载机、PLM1000 型破碎机、DSJ80/35/2×55 型可伸缩胶带输送机。大路坡首采工作面位置如图 1-1-2 所示。

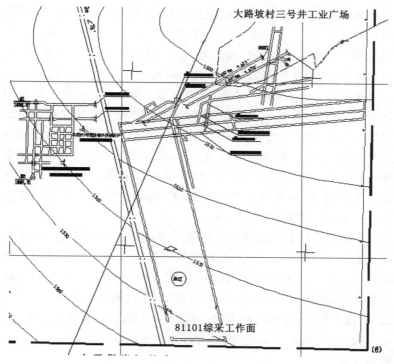

图 1-1-2 大路坡首采工作面位置图

1.1.2 沙坪煤矿工作面过下方空巷概况

沙坪煤矿位于河曲县城南 30 km 处风景秀丽的黄河东岸，隶属于山西省煤炭运销集团和神华集团共同组建的山西晋神能源公司。山西省晋神能源有限公司根据山西省政府"关小建大、资源整合"的煤炭产业政策,在原河曲火山矿的基础上,由原纸房沟煤矿、石梯子煤矿等9座年产量不足10万吨、回采率不足30%的小煤矿整合而成的现代化高产高效矿井。沙坪矿于2005年7月奠基开工,同时配套建设洗煤厂和阴塔至火山线路改造。沙坪矿概况:井田面积22.59 km²,共有8、9、10、11、12、13号六层可采煤层,煤炭地质储量59 305万吨,煤炭可采储量42 268.8万吨;煤层自然发火期一般为3~4个月;顶底板均为泥岩、砂岩,煤层赋存稳定,储量丰富;初期生产能力240万吨/年,服务年限125.5年。

18201综采工作面所在煤层为8号上煤二盘区,地面标高为960~1 066 m,煤层底板标高为899~917 m,上覆基岩和表土层厚度为43~167 m,平均埋深为105 m。该工作面位于8号上煤层二盘区东北部、三盘区总回风巷以东,其北部贴井田边界与刘家寨煤矿相邻(已关闭),其东部与18202工作面相邻。该工作面沿煤层走向布置,推进长度为2 188 m,工作面长213 m,煤层厚度为3.2~4 m,平均厚度为3.65 m。

18201综采工作面煤层总体呈平缓的单斜构造形态,局部有波状起伏,波幅不大。该工作面所采煤层为石炭二叠纪煤层。煤层平均走向41°,倾向311°,倾角2°~4°,平均倾角3°。该工作面伪顶为泥岩,厚度为0.2~0.4 m,局部发育,具斜层理灰色,泥质胶结,厚度不稳定,开采时随煤层一起脱层垮落;直接顶为砂质泥岩,厚度为10.5~18.3 m;直接底为砂质泥岩,厚度为1.5~5.5 m,较为坚硬。

18201综采工作面于2015年1月23日开始回采,2015年8月9日8点班13点56分,当工作面推进到距主回撤通道584 m时,机头段底板下沉,出现空洞。经现场勘查初步断定其为小窑原施工巷道局部冒落,并探明该空巷长度约38 m,采空巷道逐渐深入到18201工作面下方。此处距沙坪煤业资源整合关闭矿井大石沟煤矿最近,初步判定上述巷道为大石沟煤矿原巷道。

18201 综采机头塌陷区位于原划定大石沟采空区东北方向（方位 96°31′），最近距离 96.3 m。根据原 18201 胶运平巷地质孔资料,结合综采工作面探底资料,机头塌陷区附近 8# 煤上下分层层间距厚度为 1.5～2.3 m。

通过最终地质勘查,探明工作面下方共有 7 条空巷。其中 2#、4#、6# 空巷与工作面平行布置,而尤以 2#、4# 空巷较长,分别为 42 m、69 m,其余 1#、3#、5# 空巷与工作面垂直布置,跨度较小,但推进长度较长。空巷区沿工作面推进方向的总长度为 136 m,沿工作面倾向方向的最大宽度为 69 m,空巷区影响范围较大。

根据 8 月 19 日在 18201 胶运平巷实际钻探,结合立眼揭露情况,机头塌陷区前方底板空巷段 8# 上、下煤层层间泥岩厚度为 2.6～3.1 m,空巷高度为 2.5 m,空巷宽度为 6 m,巷道顶部留有 1～2 m 厚的顶煤,如图 1-1-3 所示。除机头塌陷区外,其他空巷未发现坍塌或冒顶现象,巷道顶底板及两帮均保持较好完整性,顶煤和顶板泥岩的强度均较高。

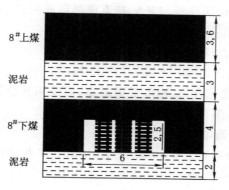

图 1-1-3 底板空巷剖面图

在发现底板空巷区后,工作面停止推进,及时对空巷进行了木垛支护及塌陷区混凝土充填等措施。对机头 1#、2#、3# 支架及运输机机头框架悬空区域先使用两排实心木垛进行了充填支护,每层使用 6 根 150 mm×150 mm×1 200 mm 的柳木道木,道木间距为 60 mm,支护完毕后使用石子、木墩、混凝土等对空隙进行填实。塌陷区前方空巷两帮一侧各支护一排井字形空心木垛。空心木垛距巷帮的距离为 0.5～1.0 m。在两个空心木垛之间支护实体木垛,木垛中心排距均为 2 000 mm×2 000 mm。空巷内共支护井字形木垛 217 个,实心木垛 202 个。

针对沙坪煤矿的地质和开采条件,工作面过下方空巷具有以下特点。

(1)空巷多且分布复杂

沙坪煤矿 18201 工作面下方所遗留的老窑巷道有 7 条,均位于机头段。其中,平行于工作面倾向方向有 3 条老窑巷道,由 18201 胶运平巷向工作面内延伸的最大长度达 68.6 m;垂直于工作面倾向方向有 4 条老窑巷道,沿工作面走向的最大长度为 75.5 m。

(2)层间距小

18201 工作面底板与老窑巷道顶部层间距最小仅 3.5 m,最大为 5 m(包括空巷上方 1～2 m 顶煤)。

(3)空巷加强支护困难

目前空巷已用实心木垛、空心木垛进行支护。木垛支护为被动支护,存在稳定性差、刚度低等缺点,而采用其他加强支护措施可操作空间有限,施工困难。

(4)空巷跨度大

老窑空巷巷宽为 6 m,高度为 2.5 m。工作面同时处于空巷上方的支架(或其他工作面设备)数目相应较多,影响空巷顶板的稳定性。

鉴于沙坪矿 8 上煤层极近距离跨空巷回采的特殊性,需要对工作面过底板空巷的安全性和可行性进行论证,并提出确保工作面安全通过的相关技术措施。

1.2　国内外研究现状

1.2.1　采场覆岩破断规律的研究现状

在对覆岩运移破断研究过程中,德国学者舒里兹率先认识到采场上覆岩层结构问题,并在1867年提出了悬梁学说,将采空区上方的岩层视为梁或板结构[3]。苏联学者里特捷尔提出了压力拱学说[4]。德国学者施托克在总结悬梁、压力拱等学说的基础上,通过大量的实测研究与理论分析,较为系统地提出了悬臂梁学说。该理论可以对工作面超前支承压力和基本顶周期来压现象做出合理的解释[5]。

20世纪50年代以来,随着数学、固体力学等基础学科的发展,采场矿压理论的研究进入一个新的阶段,提出了一批颇有影响力的学说。① 比利时学者拉巴斯提出了预成裂隙学说;假塑性梁是该学说的核心思想,认为回采过程中覆岩的连续性遭到破坏,在工作面周围存在应力降低区、应力增高区和采动影响区。② 苏联学者库兹涅佐夫提出了铰接岩块假说,认为工作面上覆岩层的破坏可分为垮落带和规则移动带。该假说对支架和围岩的相互作用做了详细分析,从控制顶板的角度出发,揭示了支架荷载的来源以及顶板下沉量与顶板运动之间的关系。

与此同时,我国学者在采场矿压理论领域也进行了卓有成效的学术研究。① 钱鸣高[6-9]在总结铰接岩块假说及预成裂隙假说的基础上,结合对岩层内部移动的实测分析,于20世纪80年代初提出了采场裂隙带岩体的砌体梁结构模型。该假说给出了破断岩块的咬合方式及平衡条件,较好地解释了采场矿压显现规律,为采场围岩控制及支护设计提供了理论依据。② 宋振骐[10]通过大量的实测分析与理论研究,提出了传递岩梁学说,认为断裂岩块之间能够相互咬合形成稳定的岩梁结构,并向工作面前方及采空区研石传递载荷,因此支架仅承受覆岩的部分作用力,具体承载参数需要结合采场围岩控制要求确定。

在砌体梁、传递岩梁等研究理论的基础上,随着对采场覆岩运动规律的深入研究,我国学者又相继提出了许多代表性的矿压模型。比如,邹喜正等[11-12]提出了复合压力拱模型;古全忠等[13]提出了"拱-梁"结构模型;吴立新等提出了覆岩托板控制理论,指导了条带开采实践。

20世纪90年代,钱鸣高[14-15]将矿山压力、岩层移动与地表沉陷研究有机结合,提出了岩层控制的关键层理论,为系统深入地解释采动岩体规律与开采损害现象提供了理论依据。此后,许家林、缪协兴、朱卫兵、茅献彪等就关键层理论的发展及工程应用进行了更为全面的研究,将其进一步推广到瓦斯抽采、地表沉陷、水害防治等研究领域。

1.2.2 采场上覆煤柱及其影响研究现状

尹大伟等[16]研究发现顶板-煤柱结构的宏观破坏起裂是由于煤样原生缺陷产生的水平附加应力大于煤样抗拉强度引起的。不同加载速率下的宏观破坏起裂均发生煤样内,且均围绕宏观拉裂纹展开,形成宏观拉裂纹与不同程度的局部弹射或片帮破坏的宏观破坏起裂形式。

刘简宁等[17]指出:残留煤柱影响下顶板破坏过程中声发射与红外热量基本同时变化,其演变趋势基本相同,单位时间内破裂事件数与能率以及红外热量的变化趋势较好地反演了顶板能量的演变过程;"声-热"指标演化的实质是顶板破坏过程中能量不均匀释放;"声-热"指标的加速变化阶段预示了顶板的大规模断裂。

陈绍杰等[18]基于声发射和数码摄像机录像系统,对不同高比的5组顶板砂岩-煤柱结构体进行了单轴压缩试验。其研究表明:顶板砂岩-煤柱结构体整体强度是远离交界面和交界面处砂岩、煤样强度的综合;摩擦效应加强了交界面处煤样强度,而削弱了交界面处砂岩强度;顶板-煤柱结构体宏观破坏起裂应力、单轴抗压强度和弹性模量均随岩煤高比递减而呈递减趋势;在同等条件下煤样原生裂纹越发育,顶板-煤柱结构体宏观破坏起裂应力、弹性模量和单轴抗压强度越小。

王涛等[19]在煤岩物理力学性质测试和冲击地压发生规律分析的基础上,通过计算坚硬悬顶下煤柱的受力状态,分析了临空煤柱巷道侧冲击地压的成因和受夹持煤体的冲击失稳过程。其研究发现:临空侧煤柱的冲击失稳与工作面周期来压具有相关性,强制放顶不到位造成煤柱两侧形成坚硬长悬板,是诱发煤柱冲击失稳的能量来源;断顶卸压爆破可以有效切断坚硬悬板对煤柱的应力传递;电磁辐射、矿压和微震等监测数据显示,断顶爆破后煤帮电磁辐射强度降低约 68%,单体液压支柱应力降低约 20%,钻孔应力降低约 80%,有效降低了煤柱的冲击危险性。

王平虎等[20]研究表明:在残留煤柱和巷道交叉点处发生拱形或椭圆形冒落;在残留煤柱区残留煤柱出现应力集中现象,煤柱压入底板,发生层状或拱形冒落;残留煤柱中心部位的垂直应力最大,约为 13.7 MPa;残留煤柱采空区为应力降低区,在 2 个煤柱之间垂直应力最小;残留煤顶板下沉量以残留煤柱为中心向四边增加,呈椭圆状分布,残留煤柱两侧顶板下沉量较小,而煤柱采空区与巷道交岔点等位置顶板下沉量较大。该研究为预防残留煤顶板冒落的难题提供了理论支撑。

王兆会等[21]发现:孤岛型短煤柱工作面坚硬基本顶发生 Ⅱ 类“O-X”破断;仅弧形三角岩板影响工作面矿压显现强度,来压时煤体承受载荷组合形式为高静载、低动载;工作面异常矿压现象以临空侧浅部煤体局部动力破坏为主,不会发生大范围、高危害程度的冲击地压灾害;高储能系数坚硬顶板动力破断引发的冲击载荷经未破碎坚硬顶煤有效传递至下位煤层、侧向顶板结构失稳及高推进速度造成的煤体水平应力快速卸载均可能引发短煤柱工作面煤体动力破坏；基于浅部煤体动力破坏发生机制提出孤岛型短煤柱工作面"坚硬顶煤注水预裂"＋"增加割煤高度降低推进速度"＋"提高超前支架额定阻力和扩大超前支护范围"的综合防治措施，可有效提高坚硬顶板控制效果，减少煤体动力破坏现象的发生。

陈建君[22]发现：厚硬顶板孤岛面竖向剖面的覆岩空间结构呈长臂"T"形结构。该结构采空区悬顶长，悬顶面积大，应力集中程度高，能量积聚程度高，容易诱发大能量强矿震，同时受两侧"F"结构岩壁的影响，覆岩运动剧烈，对孤岛煤柱区影响明显。而孤岛煤柱在大面积悬顶的夹持作用下已经处于高应力状态，原本较高的静载荷与动载荷应力叠加超过煤岩体极限强度，同时聚集在煤岩体中的弹性能与矿震释放传播的震动能相互叠加，从而导致处于极限状态的煤岩体系统失稳破坏，由高静载主导机理转为动载诱发的动静载叠加诱冲机理。

许兴亮等[23]认为：中小煤柱时，岩块铰接回转，岩块长度大于基本顶悬臂极限断裂长度且随煤柱尺寸增加逐渐增加，裂隙发育区范围随之增加；大煤柱时，下工作面基本顶破断超出上工作面侧向结构影响范围外，岩块长度不变。回转角度由岩块长度和下沉量共同决定。他们通过理论分析得到了相应的计算公式。

薛俊华等[24]提出无煤柱沿空预裂切顶留巷技术。对留巷巷道顶板实施超前预裂，切断巷道顶板与采空区直接顶、基本顶的联系，周期来压作用下沿预裂面垮断，构筑的充填墙体隔断采空区并支撑上位岩层，能够改善巷道围岩应力环境。

李振雷等[25]通过理论建模与计算，从围岩体结构和应力状态两方面分析了孤岛煤柱冲击机制。其研究表明：60 m厚基本顶不破断及临空区覆岩"二次"运动使冲击震源均分布在临空区及其边沿；随孤岛面推进，煤体静载应力峰值逐渐增高并接近冲击临界应力，高静载应力与动载应力叠加达到并超过冲击临界应力使冲击频发；两巷靠近设计停采线部分为静载应力峰值区，使该段巷道成为重复冲击显现区;机道应力高于风道应力,使机道冲击显现次数多于风巷的;巷道底板无支护,使冲击显现形式主要为底鼓。

解兴智[26]基于房柱式采空区煤柱应力与强度的关系,建立了浅埋煤层房柱式采空区顶板-煤柱群系统数学分析模型;借助数值模拟方法,对鄂尔多斯地区奎乌煤矿房柱式采空区顶板-煤柱群系统的稳定性进行了迭代计算,可对该矿房柱式采空区的稳定性及破坏发展过程进行预测,为浅埋煤层房柱式采空区顶板-煤柱群系统稳定性的评价提供了理论支持;同时再现了在流变条件下诱发大面积顶板灾害的煤柱群失稳过程。

汪锋等[27]研究表明:采动应力边界线由开采煤层向上覆岩层呈外扩式发展,采动应力边界线距开采边界的水平距离随着距开采煤层高度的增大而逐渐增大,但其增大趋势逐渐减小。采动应力边界线内侧岩层应力出现增压区和减压区,而外侧岩层仍处于原岩应力状态。采动应力边界线是划定工作面上覆岩层是否受工作面回采影响的边界线。目前顶板巷道保护煤柱宽度是按岩层移动角进行设计的,没有体现内部岩层移动变形及应力特征,这导致顶板巷道保护煤柱宽度不合理而出现破坏。为此,他们提出了基于采动应力边界线的顶板巷道保护煤柱宽度设计方法。

刘正和等[28]研究表明:与不切缝相比,回采巷道顶板切缝后,随切缝深度增加,垮落高度增加;以切缝高度处为垮落角顶点,顶板垮落角减小,垮落后矸石能够充满采空区并且支撑基本顶,减弱工作面采动应力传递,使煤柱应力降低。煤柱垂直应力峰值、垂直应力峰值位置距回采巷道煤壁距离和距工作面后方的距离与切缝深度成对数关系,煤柱垂直平均应力与切缝深度成非线性反比关系。

贺广零等[29]将坚硬顶板视为弹性板,将煤柱等效为连续均匀分布的软化弹簧。依据板壳理论和非线性动力学理论,他们对采空区煤柱-顶板系统失稳机理进行了研究,并给出了系统失稳的数学判据;将煤柱-顶板系统失稳的数学判据转化为其力学条件。由该条件可以看出,影响系统失稳的主要因素有顶板和上覆土层的重力荷载、单位面积煤柱的数量和煤柱的峰值应力。依据这个系统失稳力学条件即可进行煤柱-顶板系统失稳预报。

刘洋等[30]建立了"连续梁"力学模型,计算了不同位置、不同性质的煤柱受力状况,并运用 RFPA2D 软件对郭家湾煤矿采场围岩破坏进行了数值模拟,对顶板结构进行了分析,并得出两种问题顶板垮落的不同特征,提出了设立关键点和关键区的监测方案。通过监测不同敏感区域的煤柱来解决这顶板灾害问题。刘洋等[31]针对陕北郭家湾煤矿的长壁留煤柱支撑法开采,将隔离煤柱及其封闭的区域当作整体,建立了"连续梁"力学模型,从力学的角度出发,分析了"顶板-煤柱"相互作用下的煤柱受力大小和顶板破坏机理。

秦四清等[32]通过对建立的尖点突变模型的分析发现:系统失稳主要取决于系统的刚度比(k)与材料的均匀性或脆性指标(m)值,并给出了失稳的充要条件力学判据和失稳突跳量的表达式。考虑煤柱介质的黏性或蠕变性,他们建立了系统演化的非线性动力学模型——物理预报模型,并给出了根据顶板沉降观测数据反演非线性动力学模型的方法和稳定性判别准则。根据材料损伤与声发射累计计数的对应关系,他们建立了系统演化过程中声发射率的动力学模型,并进行了声发射模拟分析和分维分析。其研究表明:m 值与系统的演化路径对系统演化的声发射活动规律及分维特征有重要影响,单纯根据声发射监测和降维现象预报冲击地压是不可靠的。

赵继涛等[33]分析了孤岛煤柱工作面回采期间矿压显现的特点,提出了孤岛煤柱工作面回采及过旧巷时顶板管理的具体措施。

赵建明[34]针对中兴煤矿坚硬顶板条件,运用实测分析法对区段煤柱稳定性进行了详细分析研究。他们所做的实测内容包括:

超前支承压力分布规律、侧向支承压力分布规律、煤柱上方顶板离层变化规律、煤柱联络巷巷道断面变化规律、煤柱松动圈发育规律。根据煤柱内不同矿压显现特征,他们综合分析了坚硬顶板下煤柱的稳定性,认为合理煤柱留设宽度为 5~6 m。

张开智等[35]针对崔家寨煤矿坚硬顶板条件,运用实测分析法对区段煤柱稳定性进行了详细分析研究。根据煤柱内不同矿压显现特征,他们综合分析了崔家寨煤矿坚硬顶板下煤柱的稳定性,认为合理煤柱留设宽度为 5~6 m。

徐曾和等[36]研究了黏弹性顶板下煤柱岩爆问题。由尖点突变理论对岩爆非稳定机制的讨论给出了岩爆发生的内部与外部条件。煤柱进入峰值强度后的变形区,系统内部刚度比及系统从外部接受足够多的能量是决定系统岩爆的主要因素。而岩爆滞后发生是由于控制参量变化需经过一段滞后时间才满足分叉集方程所致。岩爆滞后还可能由其他原因造成,如高应力作用下矿柱强度随时间增长而衰减。

徐曾和等[37]用尖点突变模型对煤柱岩爆非稳定机制进行讨论。他们不仅给出了岩爆发生准则、岩爆时的突跳量和能量释放量。在此基础上,他们对岩爆过程与前兆信息的讨论,还揭示了变形速率与岩爆各阶段的关系。这样既研究准则,又研究前兆与过程的方法,是防止岩爆发生的更加现实和可行的途径。

1.2.3 采场底板应力分布及其影响研究现状

谢广祥等[38]发现:煤层回采过程中,伴随着采场围岩三维应力场的不断调整,在采场底板围岩空间区域也存在高应力束;高应力束在三维空间形成了采场底板围岩应力壳,应力壳壳体内外岩体主应力均低于壳体中的主应力。应力壳内边界之上垂直应力和水平应力均显著降低,部分岩层内压应力转化为拉应力,壳体和应力壳外边界岩层垂直应力降低,水平应力仍然较大,存在水平应力集中现象。三维应力场作用的选择性是采场底板围岩应力壳形成的内在力学本质。采场底板围岩应力壳形态随着采场结构的变化而调整,具有典型的短边依赖效应。破裂区和最大位移区主要发育在应力壳壳体内边界之上的低应力区内。采场底板围岩应力壳是抵抗底板岩层卸压膨胀、进而发展到拉剪破坏的主要集中力系。采场底板围岩应力壳的失衡可能引起较大的动力现象。

刘伟韬等[39]基于 FLAC³ᴰ 数值仿真软件对陈四楼煤矿 21110 工作面回采过程中底板的应力变化规律和破坏特征进行了数值模拟。其研究表明:① 当工作面推进 90 m 时,煤壁下方底板垂直应力开始大于水平应力,采空区煤层下方 30 m 范围内底板岩层中水平应力大于垂直应力,采空区煤层下方 10 m 范围内水平应力的减小幅度远小于垂直应力的减小幅度;② 当工作面推进至工作面"见方"(推进距离与工作面宽度相等)期时,煤壁后方 10 m 处采空区底板垂直应力开始大于水平应力,并且其减小幅度小于水平应力的减小幅度;③ 采用钻孔双端封堵测漏装置对 21110 工作面进行现场实测,测得底板最大破坏深度为 16.2 m,与理论计算、数值模拟所得结果基本吻合。

张培森等[40]发现:随着工作面推进,煤层底板的应力峰值随着断层距离的减小而增大;采动影响及含水层水压作用导致煤层底板岩层产生裂隙,衍生出突水通道,突水危险性增加;对 F4 断层进行注浆加固,阻隔对盘含水层,相对增加工作面与含水层的距离;下盘含水层对上盘工作面回采的影响减小,可以有效缩小防水煤柱宽度。

陈绍杰等[41]发现:顶、底板岩层的强度越大,条带煤柱承受的应力越大、应力集中程度越大;顶、底板岩层的强度越小,条带煤柱的应力集中程度越小,而其塑性区扩展越大,且上部破坏越严重;当泥岩作为顶板时,上部较下部破坏大,形成上大而下小的塑性区;当中砂岩、细砂岩作为顶板,泥岩作为底板时,下部较上部破坏大,形成上小而下大的塑性区;当中砂岩及细砂岩作为顶、底板时,中部较上、下部破坏严重,形成中部大而上、下部小的塑性区。

黄琪嵩等[42]用 Matlab 编制了计算程序,求解得到了不同分层深度处的底板应力分布。根据摩尔-库仑准则判断底板塑性区分布。他们的新建模型考虑了不同底板岩性及其组合条件。他们理论计算得到的底板破坏深度比传统方法的更符合实际。他们建立了不同的软硬互层采场底板模型,分析了岩体的软硬性质对采场底板应力分布和破坏特征的影响。他们的研究结果表明:硬岩底板对支承压力具有降低和扩散作用;降低作用减小了底板深处应力,有效地抑制了采场底板破坏深度;扩散作用加大了下卧岩层的应力影响范围,导致下卧岩层破坏范围增加。软岩底板由于其承载能力弱,会加剧底板应力的集中程度,导致底板岩层的破坏深度和范围都大大增加。

康钦容等[43]以川煤集团白皎煤矿 2481 工作面地质资料为基础,利用自行研制的"多场耦合煤矿动力灾害大型模拟试验系统",进行了三维采动应力条件下的三维模拟开采实验。通过应力监测、测量统计、色素示踪、照相素描等方法,他们对采动后的底板岩层破坏规律进行了研究。底板岩层表现出"采前增压-采后卸压-压实回升"的动态受力特征。根据裂隙发育特征,可将底板裂隙带在走向上分为"开切眼裂隙发育区"、"采空区中部压实区"和"工作面裂隙发育区",在竖直方向上分为"底板破断裂隙带"和"底板弯曲离层带"。确定底板最大破坏深度为 14 m,为上保护层开采中被保护煤层瓦斯抽采的设计及优化提供了依据。

张培森等[44]发现:由于断层的"屏障"作用,集中应力很难穿过断层而被限制在工作面一侧,导致断层附近越靠近断层应力集中程度越高;煤层的开采导致顶、底板出现应力集中,随着工作面推进,集中应力向前方转移,离断层越近集中应力越大,顶、底板发生破坏的可能性就越大;由于断层明显的"屏障"作用,工作面开采对断层另一盘三灰含水层的影响较小。

刘伟韬等[45]将承压水水压力作为一种附加应力,建立了初次来压与周期来压时底板采动应力计算模型。深部区域最大主应力可视为水平应力,垂直应力为上覆岩层的自重应力,侧压力系数为1.57~1.80。原岩应力受区域构造挤压影响明显。初次来压时最大剪应力位置与距煤壁距离满足公式 $z=1.26x+2.1$,相关系数$R=0.995$;周期来压时其满足公式 $z=1.99x-0.5$,相关系数 $R=0.993$。剪切破坏在煤壁前后 5 m 范围内最严重,煤壁后方 5 m范围内处于减压区,为突水危险区。当最大剪应力带与断层破碎带重合时,易引起断层活化,造成突水。

高召宁等[46]根据采煤工作面前后支承压力分布规律,建立了煤层底板应力计算模型,分析了随着采煤工作面的推进煤层底板中的垂直应力和水平应力分布规律以及煤层底板的破坏形式;对煤层底板岩体进行了破坏分区;根据断裂力学理论给出了不同区域内,裂纹不同破坏模式下的张开位移表达式;采用震波检层技术验证了煤层底板采动裂隙动态的演化规律,有利于煤矿底板突水预测和突水防治措施的制订。

许磊等[47]发现:煤柱边缘主应力差呈 45°向底板扩散,距离煤柱越远,主应力量扩散范围越广且其大小逐渐衰减;煤柱较窄时,中线和边缘主应力差影响深度浅;煤柱增大到中部具有弹性核时,底板主应力差变化和影响深度较大;当煤柱宽度足够大时,其中部趋于原岩应力;中线处、煤柱边缘处主应力差呈负指数规律向深部衰减;同一水平面上,主应力差呈马鞍状分布;煤柱宽度增加时,煤柱中线处和边缘处主应力差先增大后减小,但煤柱边缘主应力差峰值位置距离值先减小后增大。

冯强等[48]根据最终应力场由初始应力场与开挖应力场叠加的特点,建立底板岩层的力学分析模型;采用傅里叶积分变换方法求解双调和方程,并利用形式函数待定法求解对偶积分方程,得到底板应力场与位移场的解析表达式。根据摩尔-库仑准则判断底板岩层的塑性破坏深度在采空区底板中主应力随着深度的增加而增大至原岩应力;而在侧帮底板中最大主应力随深度的增加而逐渐减小至原岩应力;在侧帮底板深度小于 10 m 时,主应力发生旋转变为中间主应力并且随深度增加逐渐减小,当深度继续增加时又逐渐增大至原岩应力。通过 FLAC³ᴰ模拟煤层开采,发现两者计算结果虽存在一定的偏差,但总体趋势基本一致。说明该解析方法能较准确地分析底板的应力与位移,可为工程实践提供指导与计算方法。

宋力等[49]根据弹塑性理论求得煤层底板突水的极限水压力的弹性理论解和塑性理论解,运用 FLAC³ᴰ数值模拟软件对采动工作面底板进行流固耦合数值模拟,分析采动煤层底板的破坏特征和渗流特性;重点模拟工作面推进过程中非均布水压作用下底板的变形、破坏区域、孔隙水压力的变化等,得出非均布水压力对隔水岩层的破坏影响明显小于均布水压的。

鲁海峰等[50]将底板层状岩体视为横观各向同性连续体,根据煤层上覆载荷分布特点,推导出煤层采动后的底板任一点应力解析解。在此基础上,分析横观各向同性底板变形参数的各向异性度对应力分布规律的影响。根据应力计算结果,利用摩尔-库仑屈服准则,试算搜索出横观各向同性岩体危险剪切面并判断该面是否破坏。弹性模量各向异性度对采动底板各种应力分布影响较大,而泊松比各向异性度只对水平应力影响较大,对垂直应力和剪应力的影响远小于弹性模量各向异性度的影响。

王连国等[51]建立了综合考虑工作面走向与倾向受力特点的空间半无限体模型,推导出了底板垂直应力的迭代计算式,并采用数学软件 MATHCAD 计算出了不同深度处底板的应力分布情况。其研究结果表明:底板各岩层垂直应力等值线呈椭圆形,浅部岩层等值线梯度较大,深部岩层等值线梯度较小。基于应力理论分析结果及摩尔-库仑准则计算出某矿底板最大破坏深度为 14.8

m,现场微震监测结果显示底板最大破坏深度为 15.2 m,两者相吻合。

鲁海峰等[52]推导出采动横观各向同性底板中的附加应力解析解,并与 FLAC^{3D} 数值解进行对比验证。在此基础上,他们分析了横观各向同性底板与各向同性底板中的附加应力在水平方向上的变化规律。其算例显示:在煤层底板同深度下,横观各向同性底板垂直附加应力在采空区的卸载程度要小于各向同性底板的,而水平附加应力的则与之相反;对于工作面两侧的底板中的垂直附加应力与水平附加应力的集中程度,横观各向同性底板的皆小于各向同性底板的;横观各向同性底板的附加剪应力要小于各向同性底板的。

许海涛等[53]模拟求解采场的围岩应力-应变关系,分析了不同阶段采空区底板应力变化过程,并根据底板不同深度的垂直应力与垂直位移值,运用数学方法建立了应力、应变随采场深度变化的本构方程。随着深度的增加,垂直应力逐步增加,底板垂直应力为底板深度的二次函数,而垂向位移逐步减小,底板垂直方向的应变为底板深度的负指数函数。

张玉东等[54]建立了底板应力计算模型,并以淄博矿区埠村煤矿为例,应用解析法对条带开采条件下煤柱底板岩层应力应变规律的分布进行了研究,并改进了开采方案。其研究结果表明:不同采留比条件下煤层底板采动变形破坏程度存在明显差异,采 20 m 留 20 m 的开采工艺较安全,回采率可提高 7%。

翟茂兵等[55]分析了急倾斜煤层采空区不充填和充填开采不同方式下底板岩层移动和应力分布特征。其研究表明:急倾斜煤层开采底板岩层应力卸载区、应力降低区和支承压力区均呈非对称抛物线拱形分布;急倾斜煤层开采应力卸载角和卸载拱拱高均随煤层采厚的增加呈增大趋势;急倾斜煤层充填开采可以有效降低底板岩层卸载区、支承压力区范围和减小底板岩移,有利于急倾斜煤层采场围岩的稳定。

张华磊等[56]求得底板下任一点的附加垂直应力、水平应力以及剪应力,绘制了底板附加应力分布云图,并将求得的附加应力换算成主应力,代入岩石强度指数进行底板破坏深度预测,且用水力测试法对桃园煤矿1022工作面底板破坏深度进行了现场测试。其研究表明:在工作面煤壁附近区域,附加应力集中,其值随着底板深度的增加而逐渐减小;由理论计算出的底板破坏深度数值与现场实测数值误差为12%。

高召宁等[51]根据开采过程中采煤工作面前后方支承压力分布规律,利用弹性力学理论,建立了煤层底板应力计算模型,分析了随着采煤工作面推进煤层底板沿深度方向的最大主应力和最小主应力分布规律与底板剪切破坏形式,运用工程中常用的摩尔-库仑准则,提出了煤层底板岩体的破坏判据,并通过直流电阻率法CT技术现场实测验证了理论分析是正确的和可行的。

孟祥瑞等[58]建立了底板任意一点应力计算的弹性力学模型,结合摩尔-库仑准则给出了底板岩体破坏的判据;采用理论分析与FLAC3D数值模拟方法均得出:$0 \sim -17$ m为底板破坏影响带,即岩层中垂向裂隙和横向裂隙发育明显,底板最大破坏深度为17 m;$-17 \sim -33$ m岩层受煤层开采影响较小。

卢爱红等[59]分析了具有水平构造应力的煤矿底板失稳破坏发生突水的力学模型,建立了底板突水的突变模型;应用尖点突变原理分析了承压水底板隔水层失稳突水的力学机制,当满足隔水层失稳的充要力学条件时,承压水底板有可能发生失稳突水;据此得出发生失稳时煤层底板所承受的最大水压力与底板各参数之间的关系,为煤矿底板突水的机理与防治提供了理论依据。

张文彬[60]研究发现:底板岩性及其组合结构、回采工艺是影响底板破坏的主要因素;实测、理论计算、数值模拟计算得出底板破坏深度分别为6 m、9.50 m~9.75 m和8 m,实测破坏深度小于理论计算和数值模拟结果;底板岩石强度为强-弱-强的组合结构,中部软岩层弱化了上部硬岩层应力集中,同时使下部硬岩层受力均匀,起到良好的保护底板破坏的作用。

尹会永等[61]利用瞬态渗透法进行了全应力-应变-渗透性试验,分析了各关键隔水层在应力作用下的应变-渗透性曲线,研究了不同岩石的渗透变化规律。其研究表明:渗透性由大到小依次为粉砂岩、铝土岩、泥岩、灰岩;影响岩石渗透性的因素除岩性外,还有围压大小及其变化速率、原生裂隙及后期裂隙扩展方式、贯通方式等。

朱术云等[62]分析矿山压力的基础上,建立了煤层底板应力分析计算模型,运用弹性理论对煤层底板随工作面推进相对固定位置剖面处应力分布规律进行了求解。其研究表明:结合实际资料,随着工作面推进,煤层某相对固定位置底板应力沿深度变化幅度越来越小,在一定深度范围内垂直应力的释放速度远大于水平应力的释放速度,故最大主应力的方向由开始的垂直方向变为后来的水平方向。这可为带压开采下煤层底板突水和工作面底鼓防治提供理论依据。

李海梅等[63]根据邯邢地区的地质条件,通过相似材料模拟实验模拟了煤层开挖效应,分析了煤层底板应力、位移和破坏区的分布状况,得到了煤层底板最大破坏深度值。

赵连涛等[64]利用电液伺服岩石力学试验系统,采用瞬态渗透法,研究了岩石在加卸载全应力-应变过程中的渗透规律。其研究表明:发现岩石渗透系数既与应力状况和应变历史有关,也与岩石自身的结构和性质有关。

肖远见等[65]以矿山实际岩层的物理力学参数为依据,根据相似原理,通过在模型内安放微型压力盒观测的大量数据,研究了单侧开采条件下,工作面前后方、两侧及双侧开采时不同宽度煤柱下底板岩层的应力分布,探讨了垂直和平行于开采层截面上的应力分布规律、支承压力的影响范围,获得了单侧开采时平行于开采层截面上的应力分布拟合曲线。

郑纲等[66]对水压致裂技术进行了断裂力学解释,建立了断裂力学模型,应用叠加原理推导了临界应力强度因子的计算公式,对葛店煤矿水压致裂测试底板原位地应力资料进行了分析,求得了底板岩体的临界应力强度因子。

李家祥[67]介绍了水力压裂应力测量的原理和现场测量结果,论述了煤层底板隔水层带的阻水机理和承压水沿煤层上升的机理,以及原岩应力、水压与裂隙扩展的关系。其研究表明:对于厚底板隔水层,原岩应力起着阻止底板承压水上升和突出的作用;对于薄底板隔水层,原岩应力起着破坏底板、导致承压水突出的作用。

1.3 顶板残留煤柱下工作面开采实践

1.3.1 王村煤矿(长壁采空区下)

王村煤矿可采煤层中符合极近距离赋存条件的煤层主要是 11^{-1} 煤层、11^{-2} 煤层、12^{-1} 煤层。下部煤层开采矿压观测主要在 11^{-2} 煤层的 404 盘区 8407 工作面、8406 工作面和 408 盘区 8803 工作面。11^{-2} 煤层上部为 11^{-1} 煤层,其厚度平均为 3.33 m,已采空,顶板冒落至地表。3 个工作面全部采用倾斜长壁后退式全部垮落法,采用 ZY5000/16/27.5 型支架,回采巷道采用内错布置。

三个工作面的典型柱状分别如图 1-3-1 中(a)、(b)、(c)所示。

8407 工作面长 114 m,走向长度 450 m,煤厚平均 2.5 m,埋藏深度 110～160 m,煤层倾角 1°～3°。11^{-1} 和 11^{-2} 煤层间距为 2.5～4.2 m,平均为 3.5 m;岩性为灰白色粉细砂岩互层,薄层状,微斜波状层理,胶结致密,坚硬。岩层层理发育。其中层间上部岩样抗压强度为 84.4 MPa,抗拉强度为 3.7 MPa;下部岩层层理非

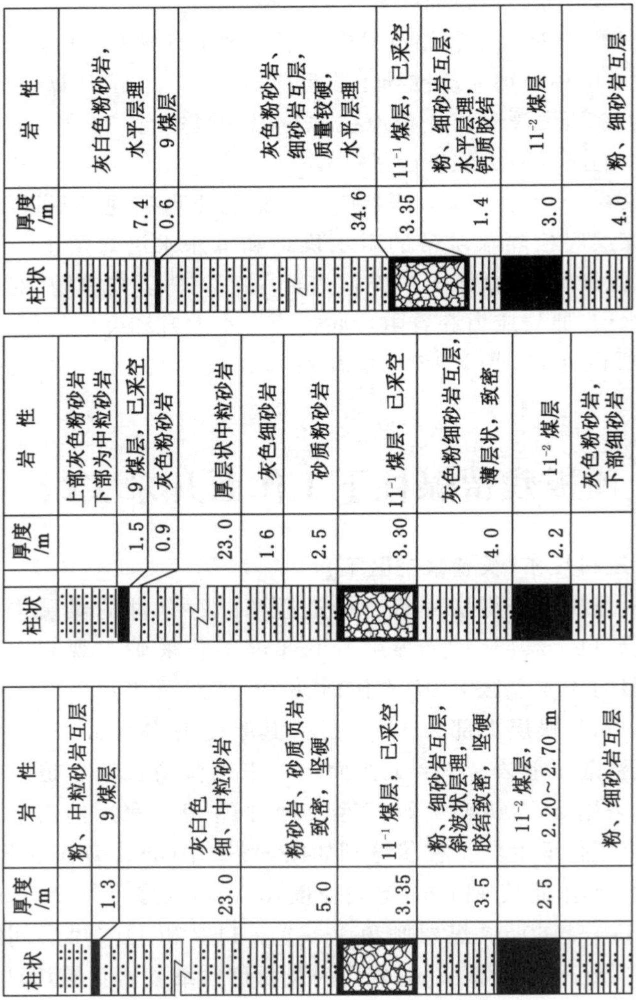

(c) 8803工作面柱状

柱状	厚度/m	岩　性
	7.4	灰白色粉砂岩，水平层理
	0.6	9煤层
	34.6	灰色粉砂岩，细砂岩互层，质量较硬，水平层理
	3.35	11⁻¹煤层，已采空
	1.4	粉、细砂岩互层，水平层理，钙质胶结
	3.0	11⁻²煤层
	4.0	粉、细砂岩互层

(b) 8406工作面柱状

柱状	厚度/m	岩　性
		上部灰色粉砂岩下部为中粒砂岩
	1.5	9煤层，已采空
	0.9	灰色粉砂岩
	23.0	厚层状中粒砂岩
	1.6	灰色细砂岩
	2.5	砂质粉砂岩
	3.30	11⁻¹煤层，已采空
	4.0	灰色粉细砂岩互层，薄层状，致密
	2.2	11⁻²煤层
		灰色粉砂岩，下部细砂岩

(a) 8407工作面柱状

柱状	厚度/m	岩　性
		粉、中粒砂岩互层
	1.3	9煤层
	23.0	灰白色细、中粒砂岩，致密，坚硬
	5.0	粉砂岩、砂质页岩，致密，坚硬
	3.35	11⁻¹煤层，已采空
	3.5	粉、细砂岩互层，斜波状胶结致密，坚硬
	2.5	11⁻²煤层，2.20~2.70 m
		粉、细砂岩互层

图1-3-1　工作面典型柱状图

(a) 8407工作面柱状；(b) 8406工作面柱状；(c) 8803工作面柱状

常发育,成薄层状,层理间距为 10~150 mm,总厚度为 1~1.5 m,岩样抗压强度为 68.3 MPa,抗拉强度为 2.1 MPa。

8406 工作面长度为 106 m,走向长度 326 m,煤层厚度为 2.2 m,埋藏深度 123~157 m,倾角 2°~3°。11^{-1} 煤层和 11^{-2} 煤层层间距为 3~5 m,平均 4 m,其岩性为粉、细砂岩互层。

8803 工作面长度 78 m,走向长度 450 m,煤层厚度平均 3 m,采高 2.6 m(留 0.4 m 顶煤),埋深 147~179 m。11^{-1} 煤和 11^{-2} 煤层间距为 1.2~1.5 m,平均为 1.4 m;岩性为粉细砂岩互层,薄层状,泥质胶结,致密;成分以长石、石英为主。

根据实测,王村煤矿极近距离下部煤层开采工作面矿压显现规律如下:

(1)初次来压及周期来压。

3 个工作面的实际观测来看,当工作面推进距开切眼 3 m 左右时,采空区顶板裂隙增多,并有局部直接顶离层现象。当工作面推进至距开切眼 10 m 左右时,采空区顶板全部冒落,以后随采随冒,冒落矸石块度不大,岩石碎胀系数在 1.1~1.2 之间。在工作面的回采过程中,没有发现初次来压和周期来压,更没有明显的冲击动压现象。工作面煤壁没有出现大面积片帮。

(2)工作面支架载荷

3 个工作面均采用同型号支架。根据实测,3 个工作面平均初撑力在 2 092.4~2 400 kN 之间,为额定工作阻力的 41.8%~48.0%。支架初撑力一般分布在 2 000~2 584.3 kN 之间,工作面支架初撑力较低。

8407 工作面实测支架平均工作阻力 3 134.8 kN,为额定工作阻力的 62.7%。工作面在观测期间支架最大工作阻力为 3 900 kN,只为额定工作阻力的 78%,工作阻力主要分布在 3 000~3 500 kN 区间占 38.5%。周期来压步距最小 7.8 m,最大 46.7 m,平均 26.8 m。非来压期间支架平均工作阻力为 3 085.2 kN,

来压期间支架工作阻力为 3 547.3 kN。动载系数最大为 1.23,最小为 1.02,平均为 1.15。

8406 工作面实测支架平均工作阻力为 3 260.3 kN,为额定工作阻力的 65.2%。工作面在观测期间支架最大工作阻力为 3 850 kN,为额定工作阻力的 77%,工作阻力主要分布在 3 000～3 500 kN 区间占 35.3%。周期来压步距最小 15.8 m,最大 43.0 m,平均 29.4 m。来压期间支架平均工作阻力为 3 694.4 kN,非来压期间支架平均工作阻力为 3 216.2 kN。动载系数最大为 1.18,最小为 1.11,平均为 1.15。

8803 工作面实测支架平均工作阻力为 2 466 kN,为额定工作阻力的 49.3%。观测期间支架最大工作阻力为 3 250 kN,为额定工作阻力的 65%。工作阻力主要分布在 2 000～2 500 kN 的占 38.7%。周期来压步距最小为 14 m,最大为 44 m,平均为 27.25 m。非来压期间支架平均工作阻力为 2 377.8 kN,来压期间支架平均工作阻力为 2 809.5 kN。动载系数最大为 1.31,最小为 1.06,平均为 1.18。

3 个工作面支架载荷状况汇总如表 1-3-1 所示。

表 1-3-1　　　　　　　3 个工作面支架载荷状况表

工作面	平均初撑力 /kN	平均工作 阻力/kN	最大工作 阻力/kN	平均动载 系数	最大动载 系数
8407	2 154	3 134.8	3 900	1.15	1.23
8406	2 400	3 260.3	3 850	1.15	1.18
8803	2 092.4	2 466	3 250	1.18	1.31

综合 3 个工作面支架阻力实测结果可知:极近距离下部煤层开采,工作面支架工作阻力在整个开采过程中,增阻值变化不大,工作在低阻力状态下,压力显现不明显。支架所承受载荷较低,说

明极近距离下部煤层工作面顶板存在一定结构,支架仅承受上覆岩层部分重量。

根据地质资料,3 个工作面地质构造简单,无大的构造破碎带。8407 工作面推进至距开切眼 447.5 m 时,在工作面中部 35 号支架至 55 号支架之间,机道顶板从顶梁开始裂开,其中 40 号支架至 50 号支架顶板较为严重。之后,顶板裂隙从中部向两头延伸,18 号支架至 30 号支架、45 号支架至 55 号支架之间,顶梁前顶板冒落,冒落高度为 0.7～0.8 m。后来,35 号支架至 55 号支架之间梁端至煤壁处全部漏下,冒落高度为 1～1.5 m。

8406 工作面推进至距开切眼 326 m 时,在工作面中部 29 号支架至 40 号支架之间,机道顶板多处冒落,冒落高度为 0.3～1 m。

上下平巷受本工作面的采动影响程度和影响范围较小。3 个工作面的实测结果表明,其超前影响范围在距煤壁 0～13.5 m 的区域内。

1.3.2　四台矿(实体煤与采空区交替)

1.3.2.1　8423 工作面矿压显现规律

11 煤 8423 工作面长 134 m,走向长度 1 368 m。支架选用 ZZS6000/17/37A 型。煤层厚度平均为 4 m,煤层埋藏深度为 230 m。工作面 440～1 000 m 段为上覆 10 煤采空区。工作面沿推进方向分为三个阶段:10 煤层实体煤→10 煤层 8423 工作面采空区→10 煤层实体煤。

10 煤层平均厚度为 1.9 m。11 煤层与 10 煤层间粉砂岩层厚度为 0.4～3 m,平均厚度为 2.5 m。工作面整个回采期间支架最大工作阻力和初撑力曲线如图 1-3-2 所示。

工作面自开切眼开采后,当工作面推进距开切眼 20 m 时,直接顶初次垮落。其主要表现为:顶板压力增大,出现煤壁片帮,垮落高度为 2～3 m。

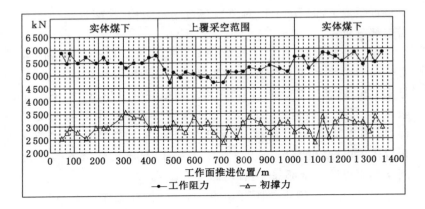

图 1-3-2　工作面中部支架压力曲线图

直接顶初次垮落后,当工作面推进到距切眼煤壁 48 m 时,上部老顶发生第一次断裂。周期来压步距一般为 14~38 m,其平均为 21 m。周期来压显现明显。来压时,工作面支架载荷明显增大,煤壁片帮一般深度为 0.5 m 左右,最大来压动载系数为 1.42,平均来压动载系数为 1.35。

实测工作面支架初撑力分布在 2 500~3 000 kN 范围内。支架工作阻力分布在 5 500~5 887.5 kN 范围内,支架平均工作阻力为 5 621.2 kN,为支架额定工作阻力的 93.7%。支架工作阻力最大为 5 887.5 kN。支架后柱增阻速度和增阻值明显大于前柱的。

工作面在采空区下来压缓和,周期来压不明显,无明显的动压现象。从观测结果看,在采空区下 11 煤 8423 工作面上方岩体的活动对工作面矿压无较大影响。工作面煤壁平直。工作面在采空区下初撑力的分布在 2 500~3 400 kN 范围,平均初撑力为 2 966 kN,为额定初撑力的 58%。

工作面在回采过程中支架工作阻力有周期波动,工作阻力分布在 4 700～5 400 kN 范围。支架平均工作阻力为 5 059.7 kN，为支架额定工作阻力的 84%。支架工作阻力最大值为 5 495 kN，为额定工作阻力的 91%。最大动载系数为 1.08，平均动载系数为 1.03。

（1）工作面进入采空区矿压实测规律

工作面从实体煤进入采空区前 7～30 m 范围内，顶板压力增大，支架工作阻力增大，支架工作阻力在 5 700～5 900 kN 范围内，80% 的安全阀开启。工作面及巷道片帮严重，局部破碎冒落。巷道帮鼓量为 0.2～0.3 m，底鼓量为 0.2～0.3 m，巷道维护困难。

工作面推入采空区前 7 m 以后，支架工作阻力平稳下降，支架工作阻力为 5 500～5 700 kN。煤壁片帮现象减轻。当工作面完全推进至采空区下后，顶板压力减小，煤壁平直，截齿痕迹明显。

（2）工作面离开采空区矿压实测规律

当工作面推出距实体煤边界前 12 m 至实体煤后 20 m 范围内，顶板压力增大，局部破碎冒落，两巷有明显变形。现场观测表明，当工作面推进至距实体煤边界机头 10.7 m、距机尾 12.5 m 时，工作面压力开始增大，17 号支架至 75 号支架片帮 0.3～0.6 m，两巷有明显变形；当工作面进入实体煤区域距机头 20.9 m、距机尾 17.1 m 后，工作面压力变化与实体煤区域的相似。

1.3.2.2　8427 工作面矿压显现规律

8427 工作面长度 125 m，支架选用 ZZS6000/17/37A 型。工作面走向长度 1 662 m，其中 148～1 306 m 上覆 10 号煤采空区。11 号煤层 8427 工作面沿推进方向分为三个阶段：10 号煤层实体煤→10 号煤层 8427 工作面采空区→10 号煤层实体煤。工作面在实体煤下采用强制放顶，初次放顶步距为 18 m，每隔 6 m 进行一次浅孔步距放顶。两平巷各打 3 个眼，眼深 6 m，眼距 1 m，仰角 75°，每孔装药量 6 kg，炮眼呈扇形布置。

10 号煤层 8427 工作面平均采高 1.97 m,10 号煤层与 11 号、12⁻¹ 号合并煤层层间距为 0.6~4.8 m,平均为 1.36 m。

11 号煤层 8427 工作面从切巷煤壁至 200 m 处,沿 11 号煤层顶底开采,采高 2.9 m;从 200~1 326 m 处,沿 12⁻¹ 号煤层底板开采,采高 3.2 m(留 0.5 m 顶煤);从切巷煤壁 1 326~1 562 m 处,沿 12⁻¹ 号煤层底板留顶煤开采,采高 3.4 m。

11 号煤层 8427 工作面开采期间支架平均初撑力为 3 133.7 kN,其为额定初撑力的 61.4%,这说明工作面支架初撑力较低。

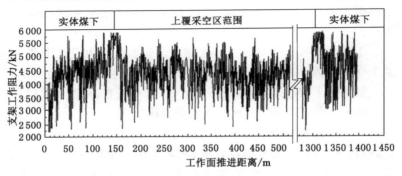

图 1-3-3   工作面中部支架压力实测曲线

(1) 工作面在实体煤下的矿压显现特征

支架工作阻力分布在 3 500~5 500 kN 范围内,且占 80.3%。支架最大工作阻力为 5 875 kN,最小工作阻力为 2 225 kN,平均工作阻力为 4 364 kN,非来压期间的支架平均工作阻力为 4 266.9 kN。

直接顶初次垮落步距 17.5 m,基本顶初次来压步距 49.2 m。其主要特征是:顶板断裂巨响频繁,压力显现明显,煤壁片帮明显,45 号支架至 50 号支架区域机道顶板破碎。43 号支架至 58 号支架安全阀开启。初次来压期间整架平均工作阻力为 5 685 kN,为支架额定工作阻力的 94.75%,初次来压动载系数为 1.33,来压持续时间一天左右。

工作面周期来压步距 12.3~29.3 m,其平均为 27.85 m。周期来压显现明显,来压期间煤壁片帮深度 0.3 m 左右。来压期间支架工作阻力平均为 5 617.25 kN,为额定支架工作阻力的 93.6%,支架最大工作阻力为 5 875 kN。周期来压时动载系数平均为 1.32,最大动载系数为 1.38。

(2)工作面在采空区下的矿压显现特征

在采空区下,工作面顶板压力较小,支架工作阻力分布在 3 500~5 500 kN 范围内,且占 86.3%。支架工作阻力平均为 4 305 kN,非来压期间支架工作阻力平均为 4 154 kN。

在采空区下周期来压步距最小为 13 m,最大为 36 m,平均为 27.5 m。来压不明显,煤壁平直,截齿痕迹明显,局部顶板破碎,支架安全阀很少开启。来压期间支架工作阻力平均为 5 204 kN,支架最大工作阻力为 5 677 kN。来压动载系数为 1.05,最大动载系数为 1.145。

(3)工作面进出采空区的矿压显现特征

工作面进入采空区前 16 m 至进入采空区后 9m 范围内,工作面顶板压力显现强烈,顶板岩石断裂巨响频繁,顶板破碎、局部冒落。在此区间煤壁片帮在 0.4~1 m。支架最大工作阻力为 5 887 kN,支架工作阻力平均为 5 385 kN。80%的支架安全阀开启。来压动载系数平均为 1.26。

出采空区前 8 m 和工作面出采空区 17.2 m 范围内,顶板岩石断裂巨响频繁,局部顶板破碎冒落。支架最大工作阻力达 5 910 kN,支架工作阻力平均为 5 437 kN。83%的支架安全阀开启,来压动载系数为 1.34。

工作面进出采空区期间头尾端头巷道超前片帮严重达 0.5~1.0 m,顶板下沉 0.4 m,底鼓 0.5 m。

1.3.3 莒山矿(刀柱采空区下)

山西兰花集团莒山煤矿主采的 $3^{\#}$ 煤层平均厚 6.1 m,该煤层埋藏深度为 60~80 m,赋存较稳定。煤层厚度 3.2~6.5 m,煤质较软。煤层普氏系数为 1~2.0,倾角为 3°~8°。直接顶为砂质泥岩、细砂岩,基本顶为中砂岩;底板为砂质泥岩如图 1-3-4 所示。

地层系组		累深 /m	层厚 /m	柱状1:150	煤及标志层号	岩石名称
系	组					
二叠系 P	山西组 P2s	64.74	1.44		Ke	中砂岩
		69.87	5.13			砂质泥岩 细砂岩
		71.32	1.45			砂质泥岩
		77.42	6.10		3	香煤
		78.09	0.62			砂质泥岩
		81.02	2.93			细砂岩
		87.96	6.94			砂质泥岩

图 1-3-4 $3^{\#}$ 煤层柱状图

莒山煤矿曾在 1970 年至 1985 年采用旧式残柱采煤法开采了一采区、二采区、四采区和三采区的南翼;受当时回采技术的限制,对 3# 煤层仅仅间隔性地开采了上部约 3 m 厚的煤层,下部约 3 m 厚煤炭资源被丢弃,当时煤炭资源采出率仅 35% 左右。十几年期间,动用煤炭储量为 11.71 Mt,其中,采动煤炭邻里量为 5.86 Mt,遗留煤炭储量为 5.85 Mt。

早期残柱式工作面的遗留煤炭资源如图 1-3-5 所示。

图 1-3-5　莒山煤矿 3# 煤层复采工作面示意图

刀柱开采的采区运输上山沿煤层底板布置,回风上山沿煤层顶板布置。采用料石砌碹、木棚或混凝土支架等支护,开采结束后,两条上山的护巷煤柱均不同程度地进行了巷柱式回采。

刀柱工作面的回采巷道均沿煤层顶板布置,双巷掘进。支护方式为梯形木棚支护。巷道毛断面规格为上宽 2.6 m,下宽 3.2 m,高 2.2 m。

刀柱工作面采用全部垮落法处理顶板。当刀柱采宽达到 15 m 时,采用回柱绞车一次性回柱放顶。当连续采完 1～2 个刀柱时,刀柱采空区难以垮落,而当达到第 3 个刀柱采宽后,就有 1 次采空区大面积垮落,但顶板垮落后一般充填不满采空区。回采期间,刀柱有片帮现象,尤其在顶板垮落时,片帮现象比较严重。

上分层煤柱较小时,在采动影响下,大多处于强度破坏阶段,其承载能力已经很小甚至完全丧失,此时极易发生压剪式滑落、重力式滑落、劈裂式或横拱式垮落等形式的片落失稳现象。

上分层煤柱较大时,尽管煤柱表面部分会破坏甚至片落,但其内核部分会保持完好,并将顶板压力传递给下位煤体及底板岩层,形成支承压力集中区;当上分层刀柱宽度超过 8 m 时,刀柱的完整性保持较好,集中支承压力对下分层遗留煤体回收工作面的矿压显现影响明显。

101 复采工作面走向长 180 m,倾斜长 54 m,由运输平巷、回风平巷及切眼构成。101 复采工作面巷道布置采用内错式布置,如图 1-3-6 所示。

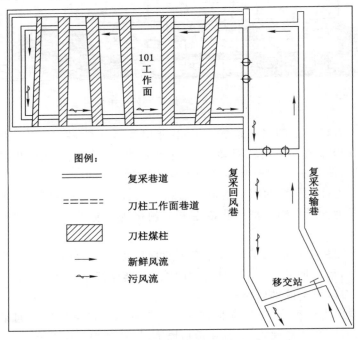

图 1-3-6　101 复采工作面巷道布置图

各巷道均为梯形断面。运输平巷及回风平巷采用木质亲口棚支护,顶部铺设金属网以控制顶板。切眼巷采用木质亲口棚配合木点柱支护。各巷道断面参数见表 1-3-2。

表 1-3-2 **101 复采工作面巷道断面规格表**

巷道名称	断面形状	支护形式	断面规格			
			净下宽 mm	净上宽 mm	净高 mm	净断面 m²
运输平巷	梯形	木棚	2 600	2 000	2 000	4.6
回风平巷	梯形	木棚	3 200	2 600	2 000	5.8
切眼	矩形	棚式	5 300	5 300	2 000	10.6

101 复采工作面采用走向长壁综合机械化全部垮落法采煤，留 0.8 m 煤皮护顶。工作面共安装 ZZS3800-1550/2500 型液压支架 37 架。支架中心距 1.5 m，采高 2.3 m。使用 MG150/375-W 型采煤机，SGZ630/180 型刮板输送机。最大控顶距 4.5 m，最小控顶距 3.9 m，放顶步距 0.6 m。在工作面设备设计的细节方面，支架增设前探梁，加强煤帮及时支护，以控制煤帮大面积片帮、冒顶危害。

刀柱采空区下煤层开采时，工作面顶板结构将经历采空段和煤柱段的交替变换过程，对应的支承压力也将经历低压和高压的交替变换，工作面煤壁和支架上的载荷也会交替变化，伴随煤壁片帮、端面漏冒、顶板台阶下沉等现象。

突破了对顶板进行爆破以减弱矿压显现剧烈程度的传统思维，提出了降低上分层刀柱的完整性从而减弱下分层回收工作面矿压显现的技术途径。回采过程中，为防止工作面（上层煤柱区域）出现应力集中区对复采工作产生不良影响，采取了超前预爆破法对上分层煤柱及顶板进行人为破坏。在两平巷斜向上钻眼，垂直钻眼深度不小于 12 m，水平钻眼深度不小于 15 m，每眼装药量不小于 15 kg。工作面必须对大于 7 m 的煤柱进行强制放顶，放顶超前工作面 5 m 进行。

为减小煤柱回采时受回采采动影响,在掘进过程中对煤柱段巷道进行加固。其加固方式为:采用全螺纹玻璃钢锚杆;钻眼深度1 950 mm,锚杆端部加 400 mm×150 mm×50 mm 的木托板;锚杆外露长度不大于 50 mm。

使用液压支架安装工作阻力监测系统,以全面掌握回采过程中顶板压力变化规律。工作面回采过程中顶板压力变化曲线如图 1-3-7 所示。采场顶板来压步距比常规综采工作面的增大 30% 左右,顶板来压强度在刀柱煤体下要增大 50% 左右。

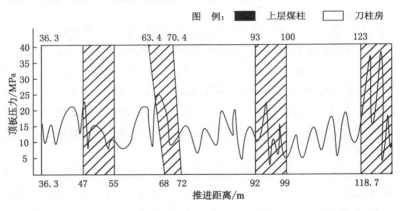

图 1-3-7 工作面回采过程中顶板压力变化曲线

图 1-3-7 中右侧第一个煤柱未进行顶板预放,在该煤柱下回采过程中,工作面压力显现明显,工作面支架多次普遍卸液,工作面煤帮大面积片帮,对工作面安全回采造成不利影响。其余各煤柱采用顶板预处理后,虽然过煤柱时支架压力较正常推进有所增大,但支架已很少出现卸液现象。通过上述压力变化可以看出,采用煤柱顶板预处理大大降低了煤柱顶板的整体性,工作面过煤柱区域时,顶板压力明显减小。

锚杆加固段的煤帮,增加了煤帮的整体性,加大了煤帮的承载力。工作面过煤柱时,煤帮片帮现象大大减少,工作面超前压力得到有效控制。未采用锚杆加固的煤柱煤帮,片帮现象严重,严重影响到回采工作面的正常通风、安全出口的畅通、平巷巷道的正常维护,给回采带来了诸多问题。

截至 2006 年 6 月,莒山煤矿复采区共回收弃置煤炭 20 万吨,块炭率达 35% 左右,吨煤综合成本 210 元,吨煤平均利润 150 元,实现利税 3 900 万元,实现利润 3 000 万元。

莒山煤矿通过复采技术的成功实施,将资源回收率由原来的 35% 左右提高至 78%,预计可多回收煤炭资源 180 余万吨,创利税约 3.5 亿元,对类似条件下矿井的资源回收、延长服务年限、保持矿区稳定、和谐发展,具有借鉴意义。

1.3.4　石圪台矿(出煤柱压架)

神东石圪台矿位于陕西省神木市境内,主采 1-2 上、1-2、2-2 以及 3-1 煤。目前该矿第一主采煤层已回采完毕,各盘区均已进入下煤层的开采。矿井井田地质构造简单,煤层倾角平缓,赋存稳定,煤层埋深 56.7~140.8 m,煤层间距 0~37.8 m,属于浅埋深近距离煤层开采条件。石圪台煤矿 1-2 煤一盘区各工作面布置剖面图如图 1-3-8 所示。

该矿 1-2 煤一盘区位于井田的西侧,考虑到该盘区上、下煤层间距较薄,而切眼宽度较大(7.5 m)不易支护,设计时将该盘区 4 个工作面的切眼均布置在上部 1-2 上煤工作面开采的边界保护煤柱区下方。工作面开采初期将经历由煤柱区进入上覆采空区的开采过程,即出一侧采空煤柱的开采。在此过程中,除 12104 工作面外,其余 12102 工作面、12103 工作面、12105 工作面均发生了支架活柱急剧大幅下缩的压架事故,同时 12105 工作面还发生了严重的突水事故,给矿井的生产及人员、设备安全造成严重影响。

(1) 12102 综采面压架事故

12102 工作面对应地面标高 1 215.5~1 231.9 m,煤层底板

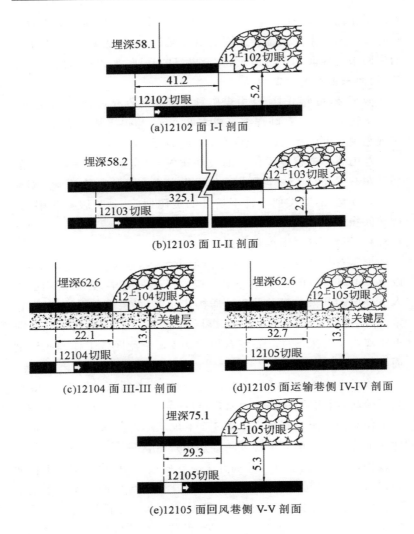

(a)12102 面 I-I 剖面

(b)12103 面 II-II 剖面

(c)12104 面 III-III 剖面

(d)12105 面运输巷侧 IV-IV 剖面

(e)12105 面回风巷侧 V-V 剖面

图 1-3-8 石圪台煤矿 1-2 煤一盘区各工作面布置剖面图

标高 1 151.81～1 162.5 m。煤层厚度 2.1～3.1 m,平均 2.51 m,倾角 1°～3°;煤层顶部普遍赋存 1～2 层砂质泥岩夹矸,总厚度 0～0.4 m,平均 0.15 m。煤层变异系数为 10.83%,可采性指数为 0.96,属于稳定煤层。煤层埋深 60～70 m,基岩厚度 45～60 m,松散层厚度 5～10 m。

工作面推进长度 919.9 m,初期 1 43.8 m 面长 217.2 m,后续工作面长度增大为 294.5 m。工作面切眼副帮距上覆煤柱边界距离 41.2 m,切眼宽度 7.5 m。工作面设计采高 2.8 m。工作面配备 172 架 DBT8824/17/35 型支架;配置艾柯夫 SL750 型采煤机,配套 DBT3×855 kW 刮板输送机以及 DBT 转载机和破碎机。工作面与上部已采 12 上 101 工作面间的岩层厚度为 2～6 m,层间以细粒砂岩为主。

2012 年 1 月 9 日中班接班时,工作面与上覆煤柱边界距离还有 3.04 m,接班后工作面开始出现少许片帮现象,采高总体维持在 3.0 m 左右,支架架型和支撑状态良好,支架压力普遍处于 5 890 kN 左右。当煤机由机头向机尾割至 90 号至 100 号支架时,支架压力突然增大到 8 414 kN。煤机继续快速割至机尾,未割三角煤就立即向机头方向割煤,当割至 80 号支架时听见一声巨响,随即 20 号至 100 号支架安全阀开启,并呈现喷射状态,立柱下沉明显。煤机立即加快割煤速度,当割至 60 号支架时,支架高度已经不能满足煤机最低通过高度要求,工作面 27 号至 80 号支架活柱下沉量达到 1 200 mm 左右,该次来压也是工作面的第一次来压。最终,工作面被迫停产采取爆破卧底等措施,处理近 1 天半才恢复生产。

(2) 12103 综采面压架事故

工作面与 12102 工作面相邻,对应地面标高 1 213.2～1 237.8 m,煤层底板标高 1 152.41～1 165.91 m。煤层厚度 2～3.5 m,平均厚 2.8 m。煤层倾角 1°～3°,整体呈正坡回采,局部有波状起伏,煤层变异系数 9.92%,属于稳定煤层。煤层埋深 65.4～76.6 m,上覆基岩厚度 52.99～68.68 m,松散层厚度 3～15 m。

工作面走向长度 1 005.4 m,倾斜长度 329.2 m,设计采高 2.8 m,设备与上一工作面相同。工作面在初采阶段的 318.6 m 范围内对应上覆 12 上 102 工作面边界保护煤柱区下的开采,而其余推进范围内,沿工作面倾向距运输巷一侧 215.3 m 区域对应上覆采空区的开采,距回风巷道 113.9 m 区域则对应上覆 1-2 上煤实体煤下的开采。工作面出煤柱开采区域与上部 1-2 上煤的层间距为 0.6～5 m。两层煤间主要以细粒砂岩、粉砂岩、粗粒砂岩以及砂质泥岩为主。

2011 年 9 月 9 日 11:32 左右,当 12103 工作面在距离推出上覆一侧采空煤柱还剩余 3 m 进入采空区时,工作面整体来压。来压时煤壁片帮、炸帮严重,片帮深度 300～500 mm,架前漏矸严重,漏矸高度 500～800 mm。支架阻力达到 8 820～9 676 kN,工作面安全阀大量开启,其中运输巷一侧 30 号至 120 号支架活柱瞬间下缩 500～700 mm。此次来压共持续 5.6 m 左右才结束。最终,此次压架造成工作面停采 2 天。

(3) 12105 综采面压架突水事故

12105 工作面西邻同盘区 12104 工作面,东邻未采的 12106 工作面,南侧为 1-2 煤大巷,北侧为小窑开采区边界。12105 工作面对应地面标高 1 227.2～1 260.8 m,煤层底板标高 1 155.27～1 168.07 m。煤层厚度 1.4～3.59,平均煤厚 2.7 m。1-2 煤在回采区呈北低南高,向西北倾斜,倾角 1°～3°;煤层稳定,总体趋势正坡回采。煤层埋藏深度 78.6～82.4 m,上覆基岩厚度 60～80 m,松散层厚度 2～22.34 m。

工作面走向上 1 308.3 m,倾斜长 300 m,设计采高 2.8 m,采用 ZY8800/17/35 型支架,配套 JOY7LS2A 型采煤机。张家口煤机厂 SGZ1000/2×565 型刮板输送机。工作面切眼宽度 7.5 m,

布置于上部 12 上 105 工作面切眼的边界保护煤柱中,其中工作面运输巷一侧切眼距上覆煤柱边界 27 m,回风巷一侧切眼距上覆煤柱边界 20.6 m。工作面在初采阶段的 20.6～27 m 推进范围内对应上覆煤柱区下的开采,而在其余推进范围内则对应着上覆 12 上 105 采空区和回撤通道外旺采采空区下的开采,其中采空区下对应工作面 1 号至 140 号支架,影响范围 255.5 m,而 141 号支架至回风巷一侧 54.7 m 范围内则对应着实体煤下的开采。

工作面推进范围内与上部 1-2 上煤层间距为 1.58～15.52 m,由于受到工作面内条状冲刷带的影响,使得工作面回风巷一侧两煤层层间距明显小于运输巷一侧。根据两区域 KB45 和 k33 钻孔柱状的揭示情况,回风巷一侧层间距为 5.26 m,煤层间无关键层存在;而运输巷一侧层间距则为 13.61 m,煤层间存在一关键层。

12105 工作面在推出上覆一侧采空煤柱边界过程中,也出现了与上述两工作面类似的压架事故。2010 年 8 月 2 日凌晨 5:50,当工作面运输巷一侧推进 18 m,回风巷一侧推进 21 m,即运输巷一侧距离煤柱边界 9 m,回风巷一侧已推出煤柱边界 0.4 m 时,工作面 120 号至 145 号支架位置淋水出现增大现象,随后 60 号支架到回风巷一侧开采范围内顶板垮落直接导致工作面来压,其中 110 号至 145 号支架来压明显,出现煤壁片帮严重(片帮最深达到 1.2 m)、炸帮、切顶以及支架安全阀大量开启现象,造成支架活柱下缩 600 mm。同时,该区域顶板的垮落导致上部工作面采空区积水快速涌入工作面,造成工作面的突水事故,涌水量约 47 000 m³。最终,此次压架突水事故直接导致工作面设备被淹,幸未造成人员伤亡。

而该工作面运输巷一侧在该位置时则无明显来压现象,直至推进 33 m,即推出煤柱边界 5 m 时,工作面该区域才出现初次来压,对应初次来压步距 40.5 m;虽然也出现了支架立柱安全阀开启、煤壁片帮、炸帮的现象,但其来压强度较上述回风巷一侧的来压已有明显减弱。

同样,对于同一盘区的12104工作面,虽然其初采期间也经历了出一侧采空煤柱的开采阶段,然而它与上述12105工作面运输巷一侧开采区域类似,也未呈现出强烈的矿压显现。工作面最终在推出煤柱边界10.9 m时才出现初次来压,且来压时无明显的立柱下沉现象,安全阀开启数量也较少,对应初次来压步距43 m。

1.4 工作面过底板残留巷道开采实践

1.4.1 西山马兰矿（跨空巷回采）

西山煤矿总公司马兰矿南三采区内02#煤和2#煤工作面同时回采,受02#煤变薄带影响,平行采区上山布置了10316工作面,在其下方掘进施工了12308工作面轨道巷、尾巷及其横贯,10316工作面将跨空巷回采,见图1-4-1。空巷与10316工作面切眼方向夹角为6°,空巷段2#煤和02#煤的层间距为6 m,10316工作面斜长177 m,埋深337～404 m,煤层厚度2.68 m,倾角3°,直接底为厚度0.76 m的粉砂岩,老底为厚度2.82 m的中砂岩,工作面周期来压步距为8～15 m。

10316工作面所过空巷为12308轨道巷和尾巷里程45～225 m段和2#、3#横贯,轨道巷规格为3.2 m×2.5 m,尾巷及横川规格为3.5 m×2.2 m,为满足跨空巷回采的需要,对两巷里程20～250 m和1#～4#横贯进行加强支护。

轨道巷:顶板采用"螺纹钢加长锚固锚杆＋钢筋钢带＋金属菱形网＋锚索"联合支护形式。顶锚杆间排距750 mm×800 mm,锚索每3 m打一对,间距750 mm。两帮采用端头锚固树脂锚杆配木托板并加挂金属菱形网支护形式;帮锚杆打3排,间排距800 mm×900 mm,呈"三花"形布置。为确保安全,跨空巷回采前又在巷道右帮加打一排贴帮戴帽点柱,间距1 m。

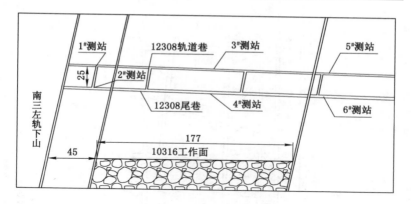

图 1-4-1 10316 工作面与空巷平面图

尾巷、横川:顶板采用"螺纹钢加长锚固锚杆＋钢筋钢带＋金属菱形网＋锚索＋ 双排戴帽点柱"联合支护形式。顶锚杆间排距 1 000 mm×900 mm,锚索位于巷道中心线,间距 4.5 m;点柱间排距 1 400 mm×2 000 mm。两帮支护形式同轨道巷的。

采取加强支护措施后,在 12308 轨道巷及尾巷布置了 6 处矿压观测站,进行必要的观测。观测内容为巷道顶、帮围岩位移及锚杆锚索受力情况。实践证明,工作面跨巷道回采对下方巷道影响较小,在对巷道采取必要的支护措施后完全能够满足生产需要。

1.4.2 西铭煤矿(过下煤层空巷综采)

西铭煤矿 1149 工作面布置在 8 号煤层煤柱中,盖山厚度平均 110 m,8 号煤层总厚 3.75 m～4.90 m,平均 4.33 m,属稳定煤层,煤层倾角 6°～13°,平均 8°,煤层节理发育,结构复杂。1149 工作面走向长 401 m,采长 102～47 m,其顶板为石灰岩,致密块状,厚度 1.6～2.3 m,底板为砂质页岩,层理节理发育,底部为薄层页岩,厚度为 0.6～1.3 m;该工作面范围有本煤层空巷 2 150 m,局部地段底部还有下部 9 号煤空巷 242 m,8 号与 9 号煤间距约 0.9 m。如图 1-4-2 所示。

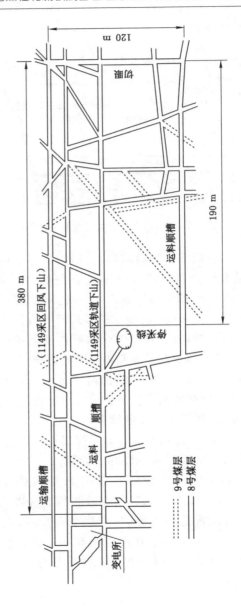

图1-4-2 西铭煤矿1149工作面巷道布置图

　　1149 采区煤柱工作面共安装了 ZZ5200-1.95/4.2 型支撑掩护式液压支架 71 架,采用 MG-300MG1 型双滚筒采煤机割煤装煤,SGZ-764/630 型刮板输送机运煤,运输平巷安设 SZZ760/160 型转载机搭接 SJ-150 胶带输送机运煤。2002 年 5 月 22 日开始开采,推进 15～18 m,工作面顶板全部垮落,比正规工作面的初次垮落部距减少了 1/2,随着工作面的推进,成功通过了 8 号、9 号煤层空巷。

　　由于 8 号、9 号煤层间距仅 0.9 m,考虑到 9 号煤巷道原支护满足不了采煤机及液压支架通过的强度要求,在开采前已对原巷支护进行了回收,因此,通过 9 号煤空巷不存在提前维护的问题,下面针对 1149 工作面通过下部 9 号煤层空巷所采取的措施总结如下:

　　① 地质科提供准确的空巷位置图,在回采过程中随时掌握空巷在工作面的确切位置。

　　② 由采煤机前滚筒割煤至空巷前后 5 m 范围时,缓慢截割底刀,并割通或放振动炮打通原空巷,使其暴露,然后采煤机在此处截割上刀煤,来充填空巷。充填不实处,将回收的废旧材料也填入空巷,以确保采煤机、液压支架安全通过。

　　③ 通过平行于工作面的空巷前,提前进行调斜开采,减少空巷在工作面的暴露范围。如通过 29105 工作面正巷时,最终调斜至机尾超前机头 5 m,使空巷在工作面暴露范围不超过 3 个架。

　　④ 虽然 9 号煤空巷内支护已被回撤,但巷道不会完全塌严,而且保证空巷内有新鲜风流通过,以免瓦斯浓度超限,因此,在采煤机割通和放振动炮打通空巷时,没有后顾之忧。但由于该面处于高瓦斯区,每班仍安排专职瓦检员随时检查作业场所瓦斯变化情况。

　　⑤ 在拉架过程中,采煤机必须远离空巷 20 m 以外,以减轻对空巷的压力。当底座下沉量大,直接移架困难时,采取提底座方

法,完成移架。升架以有效支撑顶板为原则,避免空巷处的支架升的过紧,增加支架下沉量。

⑥ 在通过 8 号、9 号煤空巷期间,为保证安全顺利的回采,西铭矿成立了由 8 名生产骨干组成的领导组,不间断跟班指挥,确保了各项措施落实和特殊情况的应急处理。队组专门成立维修组,提前对空巷及需加强维护段进行了维护,减少了对回采的影响时间,最终实现了所有空巷的安全通过。

1.4.3 陶庄煤矿(跨大巷开采)

枣庄矿业集团陶庄煤矿北-420 大巷是-420 水平的主要运输大巷,处于 2 层煤底板砂岩中,距 2 层煤底板间距 4.5～9 m,为保证跨采时大巷的正常使用,对受跨采影响段采用工字钢棚或 U 形钢可伸缩支架进行加固维护。现场实践证明,跨采过程中加固维护的巷道变形量相对减小,能够满足矿井通风和运输的要求。

1.4.4 三河口煤矿(跨采面开采)

三河口矿井位于滕南煤田南部付村井田的东侧,开采山西组 $3_下$ 煤层。煤层厚度 3.4～4.0 m,平均 3.50 m。煤层结构简单,具有带状结构,层状构造,中大型节理比较发育。该煤层倾角 8°～13°,平均 10°,工作面整体起伏不大。

如图 1-4-3 所示,$3_下$ 煤层与-465 轨道巷和胶带巷相交,上平巷与两大巷交点 M_1、M_2 处工作面煤层底板与巷道顶板间的岩柱高度分别为 0 m 和 1.9 m;下平巷与两大巷交点 N_1、N_2 处工作面煤层底板与巷道顶板间的岩柱高度分别为 15 m 和 26.5 m。

为了避免底板大巷受动压影响而巷道变形严重,采用了 U 形钢联合支护技术措施。经现场试验结果表明,该支护技术有效地控制了巷道围岩变形。

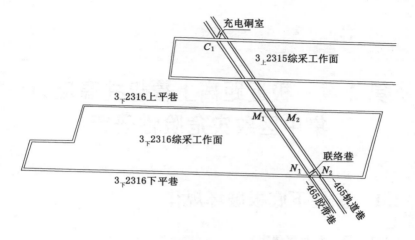

图 1-4-3 $3_下$ 煤层工作面与两大巷的位置关系

1.5 本章小结

长壁采空区的压力显现往往较小,但在进出实体煤区域容易产生压力异常甚至导致压架事故。遗留煤柱对下部煤层开采压力影响明显,需进行爆破预处理。近距离跨空巷回采的工作面,底板巷道基本都进行了良好的支护,巷道稳定性好,为上方工作面顺利回采提供了安全保障。

第2章 极近距离上覆煤柱高应力集中区致灾危险性研究

2.1 煤柱下底板破坏规律

2.1.1 极近距离煤层定义

依据《煤矿安全规程》,近距离煤层定义为:煤层群间距离较小,开采时相互有较大影响的煤层。到目前为止,近距离煤层的判别标准仍是定性的,而"极近距离煤层"只是近年来各矿区对层间距很小的煤层习惯性统称,没有统一的确定标准。

煤层开采后,上覆岩层垮落和变形,开采煤层底板岩层也会产生一定的卸压变形和破坏,同时采场围岩中发生应力重新分布,形成采场周围的高应力区和低应力区。在这些区域,应力按一定规律向其上下岩层中传递和扩散,最终衰减。当煤层层间距小到一定程度时,邻近煤层间开采的相互影响将非常明显。下部煤层开采前顶板的完整程度已受到上部煤层开采而遭到破坏,且因上部煤层开采方法的不同,使得下部煤层开采顶板的整体力学环境不同。例如,当上部煤层采用长壁开采全部垮落法管理顶板时,下部煤层开采时的顶板为上部煤层开采而遭到损伤的层间岩层和上部煤层开采已垮落的矸石,下部煤层开采时的顶板边界条件为散体边界条件;若上部煤层开采为刀柱采煤法,则上部煤层开采后采空区残留的诸多煤柱在底板形成集中压力,下部煤层开采时的顶板边界条件为集中载荷边界条件。这些开采条件的不同,必然使下部煤层开采工作面的矿压显现呈现多样性。其在顶板的活动规律、支架承载特性、压力传递规律及矿压显现程度等呈现多样性。

上部煤层的开采,引起其底板中应力的重新分布。底板中应力集中程度随底板深度的增加而衰减。当底板中应力衰减至底板岩层的承载能力时,底板岩层深度为 h_a(定义为损伤深度)。以 h_a 作为划分极近距离煤层的依据,定义当煤层间距 $h_j \leqslant h_a$ 时,该煤层群为极近距离煤层群。

根据上述极近距离煤层定量定义,当煤层层间距满足下式时,就属于极近距离煤层。

① 运用弹塑性理论确定极近距离煤层的判据为:

$$h_j \leqslant \frac{1.57 \gamma^2 H^2 L}{4 \beta^2 R_c^2}$$

② 运用滑移线场理论确定极近距离煤层的判据为:

$$h_j \leqslant \frac{M \cos \varphi_f \ln \dfrac{k \gamma H + C \cot \varphi}{\xi(p_i + C \cot \varphi)} e^{(\frac{\pi}{4} + \frac{\varphi_f}{2}) \tan \varphi_f}}{4 \xi f \cos(\dfrac{\pi}{4} + \dfrac{\varphi_f}{2})}$$

以大同矿区侏罗系下组煤层群普通赋存条件为例,下组煤层群一般平均埋深 300 m,上覆岩层平均容重取 25 kN/m³,工作面平均长度取 150 m,煤层平均厚度取 3 m;煤层间的岩层多为砂岩类,此类岩石块体单轴抗压强度为 55~85 MPa,平均单轴抗压取 64 MPa;节理裂隙影响系数一般为 0.37,砂岩类岩体内摩擦角取 33°;考虑煤层的节理裂隙影响,煤层内聚力取 1.8 MPa,煤层内摩擦角取 30°,回采引起的应力集中系数取 3.6,支架对煤帮的阻力取 0,煤层与顶底板岩层接触面的摩擦系数取 0.2。

根据以上数据和公式计算,在大同矿区下组煤层开采条件下,极近距离煤层的最大间距分别为 5.91 m 和 5.16 m。根据极近距离煤层的定义,考虑煤矿开采的不利因素,确定大同矿区极近距离

煤层的间距 $h_j \leqslant 6$ m，即大同矿区煤层群层间距小于 6 m 时，其煤层为极近距离煤层。

大路坡煤矿 11^{-2} 号煤层位于大同组下部。煤层厚度为 $2.00 \sim 6.40$ m，平均厚 6.00 m。煤层结构简单，属于全井田稳定可采煤层。11^{-3} 号煤层厚度为 $1.65 \sim 2.00$ m，平均厚 1.78 m，上距 11^{-2} 号煤层 $3.7 \sim 8.4$ m，平均距 11^{-2} 煤层 5.00 m，实际揭露仅 3 m 左右。11^{-3} 号煤层埋深约 250 m。按照上述判别公式可判定 11^{-2} 煤层为极近距离煤层。

2.1.2 上部煤层开采围岩应力分布

2.1.2.1 覆岩非充分垮落时围岩应力分布规律

采空区顶板非充分垮落时，围岩载荷集度分析如下。

（1）煤柱载荷集度

煤柱上的载荷，是由煤柱上覆岩层重量及一侧或两侧采空区悬露岩层转移到煤柱上的部分重量所引起的。

① 两侧采空时煤柱载荷集度。

如图 2-1-1 所示，若煤柱两侧均已采空，采空区岩层垮落高度为 h，则煤柱上的总载荷为：

$$P = [(B+L)H - (L - h\tan\delta)h]\gamma$$

式中　P——煤柱上的总载荷；

　　　　H——开采深度；

　　　　L——采空区宽度；

　　　　B——煤柱宽度；

　　　　δ——采空区上覆岩层垮落角；

　　　　γ——上覆岩层的平均容重。

根据煤柱上的总载荷 P，可得出煤柱的载荷集度为：

$$q_p = \frac{P}{B} = \frac{[(B+L)H - (L - h\tan\delta)h]\gamma}{B}$$

② 一侧采空时煤体边缘载荷。

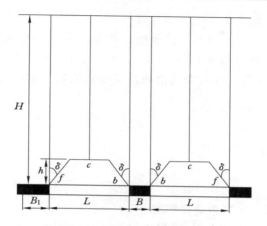

图 2-1-1 煤柱载荷示意图

若煤柱一侧采空,采空区岩层垮落高度为 h,一侧采空的煤体边缘支承压力影响宽度为 B_1,则煤柱边缘的总载荷为:

$$P = \left[(B_1 + \frac{L}{2})H - \frac{1}{2}(L - h\tan\delta)h\right]\gamma$$

据此可得煤体边缘的载荷集度为:

$$q_p = \frac{P}{B_1} = \frac{\left[(B + \frac{L}{2})H - \frac{1}{2}(L - h\tan\delta)h\right]\gamma}{B_1}$$

(2)采空区底板载荷集度

非充分垮落时,采空区底板承受的载荷仅仅来自于采空区冒落的岩石。煤层开采后采空区底板的载荷集度为:

$$q_c = \frac{(L - h\tan\delta)h\gamma}{L}$$

2.1.2.2 覆岩充分垮落时围岩应力分布规律

采空区顶板充分垮落时,围岩载荷集度分析如下。

(1)支承压力集度

定义煤壁到支承压力峰值位置的距离为 x_0,煤壁到支承压力

影响边界的距离为 x_1。为简化计算,假设煤壁到支承压力峰值位置(极限平衡区内)及峰值位置到其影响边界(即弹性区域)的变化按照线性规律分别递增和递减。支承压力在极限平衡区内由 0 增长到峰值;在弹性区域内其由峰值减小到原岩自重应力。支承压力集度为:

$$q_{lp} = \frac{k\gamma H x_0 + (k\gamma H + \gamma H)(x - x_0)}{2x_1}$$

进一步整理得

$$q_{lp} = \frac{[(1+k)(x - x_0)]\gamma H}{2x_1}$$

(2)采空区底板载荷集度

采空区充分垮落时,采煤工作面推过一定距离后,采空区上覆岩层活动将趋于稳定,采空区某些地带垮落矸石被逐渐压实。煤层开采后采空区底板的载荷集度为:

$$q_{cp} = \gamma(H - M)$$

式中　M——煤层开采厚度。

2.1.3　煤层开采底板损伤状态分析

以长壁工作面顶板充分垮落的开采情况为例,对底板损伤状态进行分析。

2.1.3.1　弹塑性理论计算

对于长壁工作面开采,形成的采空区在推进方向上的横断面为矩形,其开采高度远远小于开采宽度。因此可将采场抽象成如图 2-1-2 所示的力学模型。设开采宽度 $L = 2a$,垂直方向应力载荷为 γH,水平方向应力载荷为 $\lambda\gamma H$。在图 2-1-2 中坐标系下,利用弹性理论,可以求得采场附近的应力分布为:

$$\sigma_x = \gamma H \sqrt{\frac{L}{2r}} \cos\frac{\theta}{2}\left[1 - \sin\frac{\theta}{2}\sin\frac{3\theta}{2}\right] - (1 - \lambda)\gamma H$$

$$\sigma_y = \gamma H \sqrt{\frac{L}{2r}} \cos\frac{\theta}{2}\left[1 + \sin\frac{\theta}{2}\sin\frac{3\theta}{2}\right]$$

$$\sigma_z = \gamma H \sqrt{\frac{L}{2r}} \cos\frac{\theta}{2} \sin\frac{\theta}{2} \cos\frac{3\theta}{2}$$

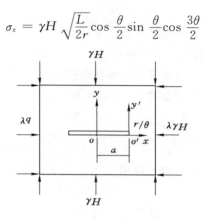

图 2-1-2　采场围岩应力计算模型图

　　可见,在确定的点(r,θ)处,采场的开采宽度越大,工作面周围的应力就越大,在应力集中区的应力集中程度就越高。鉴于实际计算的r远小于L,以及λ一般取 1,所以采场边缘的应力可以用主应力表示。

　　在平面应力状态下,

$$\sigma_1 = \frac{\gamma H}{2}\sqrt{\frac{L}{r}} \cos\frac{\theta}{2}\left[1 + \sin\frac{\theta}{2}\right]$$

$$\sigma_2 = \frac{\gamma H}{2}\sqrt{\frac{L}{r}} \cos\frac{\theta}{2}\left[1 - \sin\frac{\theta}{2}\right]$$

$$\sigma_z = \gamma H \sqrt{\frac{L}{2r}} \cos\frac{\theta}{2} \sin\frac{\theta}{2} \cos\frac{3\theta}{2}$$

　　在平面应变状态下,

$$\sigma_1 = \frac{\gamma H}{2}\sqrt{\frac{L}{r}} \cos\frac{\theta}{2}\left[1 + \sin\frac{\theta}{2}\right]$$

$$\sigma_2 = \frac{\gamma H}{2}\sqrt{\frac{L}{r}} \cos\frac{\theta}{2}\left[1 - \sin\frac{\theta}{2}\right]$$

$$\sigma_3 = \mu\gamma H \sqrt{\frac{L}{r}} \cos\frac{\theta}{2}$$

式中 μ——采场围岩的泊松比。

（1）平面应力状态采场边缘屈服破坏区

假定围岩破坏服从摩尔-库仑准则，

$$\sigma_1 - \xi\sigma_3 = R_{rmc}$$

式中，R_{rmc} 为岩体单轴抗压强度；$\xi = \dfrac{1 + \sin\varphi}{1 - \sin\varphi}$；$\varphi$ 为岩体内摩擦角。

把相关参数代入可得平面应力状态下采场边缘破坏区的边界方程可得：

$$r = \frac{\gamma^2 H^2 L}{4R_{rmc}^2} \cos^2\frac{\theta}{2} \left(1 + \sin\frac{\theta}{2}\right)^2$$

当 $\theta = 0$ 时，从上式可以求得采场边缘的水平方向屈服破坏区长度为：

$$r_0 = \frac{\gamma^2 H^2 L}{4R_{rmc}^2}$$

利用上式可以求出开采层边缘下方由于应力集中导致的底板岩体屈服破坏深度为：

$$h = \frac{\gamma^2 H^2 L}{4R_{rmc}^2} \cos^2\frac{\theta}{2} \left(1 + \sin\frac{\theta}{2}\right)^2 \sin\theta$$

将式对 θ 求一阶导数，解方程可得到平面应力状态下底板岩体的最大屈服破坏深度为：

$$h_{max} = \frac{1.57\gamma^2 H^2 L}{4R_{rmc}^2}$$

该最大值在 $\theta = -74.84°$ 时取得。

上式表明，采场边缘底板岩体最大屈服破坏深度与工作面开采宽度成正比，与岩体中垂直应力的平方成正比关系，与岩体自身单轴抗压强度的平方成反比关系。

底板岩体最大屈服破坏深度与工作面端部的水平距离为：

$$L_{\mathrm{p}} = h_{\max} \cot an\ \theta = \frac{0.42\gamma^2 H^2 L}{4R_{\mathrm{rmc}}^2}$$

（2）平面应变状态采场边缘屈服破坏区

把平面应变状态公式代入摩尔-库伦公式，得到平面应变状态下采场边缘附近破坏区的边界方程为：

$$r' = \frac{\gamma^2 H^2 L}{4R_{\mathrm{rmc}}^2} \cos^2\frac{\theta}{2}\left(1 + \sin\frac{\theta}{2} - 2\xi\mu\right)^2$$

当 $\theta = 0$ 时，可以求出平面应变情况下采场边缘水平方向屈服破坏区深度为：

$$r'_0 = \frac{\gamma^2 H^2 L\ (1 - 2\xi\mu)^2}{4R_{\mathrm{rmc}}^2}$$

平面应变情况开采层边缘底板下方岩体的屈服破坏深度为：

$$h'_0 = \frac{\gamma^2 H^2 L}{4R_{\mathrm{rmc}}^2} \cos^2\frac{\theta}{2}\left(1 + \sin\frac{\theta}{2} - 2\xi\mu\right)^2 \sin\theta$$

将式对 θ 求一阶导数，得到有效解为：

$$\theta = -2\arccos(-2\sqrt{\xi\mu - \xi\mu^2}\,)$$

解上述方程可得到平面应变状态下开采层边缘下方由于应力集中导致的底板岩体的最大屈服破坏深度为：

$$h'_{\max} = \frac{\gamma^2 H^2 L}{4R_{\mathrm{rmc}}^2}\cos^2\left[-\arccos(-2\sqrt{\xi\mu - \xi\mu^2}\,)\right] \cdot$$

$$\{1 - \sin[\arccos(-2)] - 2\xi\mu\}2\sin[-2\arccos(-2\sqrt{\xi\mu - \xi\mu^2}\,)]$$

分析比较两式可以看到，平面应力状态下采场边缘的破坏范围要比平面应变状态的大。以上计算没有考虑屈服破坏区岩体由于发生应力屈服导致的塑性流动效果，如果考虑这种效果，屈服破坏区的范围还会进一步增大。所以在实际工程计算中按平面应力状态确定的采场底板屈服破坏深度。考虑到岩体节理裂隙影响改写为：

$$h_\sigma = \frac{1.57\gamma^2 H^2 L}{4\beta^2 R_{\mathrm{c}}^2}$$

式中 β——岩体节理裂隙影响系数；

R_c——实验室岩块单轴抗压强度。

2.1.3.2 滑移线场理论计算

以长壁开采为例，根据滑移线场理论，支承压力影响而形成的底板屈服破坏深度如图 2-1-3 所示。

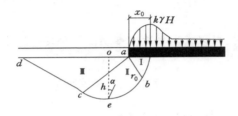

图 2-1-3 采场围岩应力计算模型图

底板屈服破坏深度为：

$$h = r_0 e^{\alpha \tan \varphi_f} \cos(\alpha + \frac{\varphi}{2} - \frac{\pi}{4})$$

$$r_0 = \frac{x_0}{2\cos(\frac{\pi}{4} + \frac{\varphi_f}{2})}$$

对 α 求一阶导数得：

$$\alpha = \frac{\varphi_f}{2} + \frac{\pi}{4}$$

底板的最大屈服破坏深度为：

$$h_{max} = \frac{x_0 \cos \varphi_f}{2\cos(\frac{\pi}{4} + \frac{\varphi_f}{2})} e^{(\frac{\varphi_f}{2} + \frac{\pi}{4}) \tan \varphi_f}$$

根据极限平衡理论计算煤壁塑性区宽度为：

$$x_0 = \frac{M}{2\xi f} \ln \frac{k\gamma H + C\cot \varphi}{\xi(p_i + C\cot \varphi)}$$

确定上部煤层开采时底板最大屈服破坏深度（即采场底板损

伤深度）为：

$$h_\sigma = \frac{M\cos\varphi_f \ln\dfrac{k\gamma H + C\cot\varphi}{\xi(P_i + C\cot\varphi)} e^{(\frac{\pi}{4}+\frac{\varphi_f}{2})\tan\varphi_f}}{4\xi f \cos\left(\dfrac{\pi}{4}+\dfrac{\varphi_f}{2}\right)}$$

式中　M——煤层开采厚度；

k——应力集中系数；

γ——采场上覆岩层的平均容重；

H——煤层埋藏深度；

C——煤体的内聚力；

φ——煤体的内摩擦角；

f——煤层与顶底板接触面的摩擦系数；

ξ——三轴应力系数，$\xi = \dfrac{1+\sin\varphi}{1-\sin\varphi}$；

P_i——支架对煤帮的阻力；

φ_f——底板岩层内摩擦角。

2.2　上覆煤柱稳定性分析

2.2.1　上覆煤柱破坏机理

房柱式煤柱常见的破坏形态如图 2-2-1 所示。

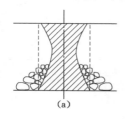 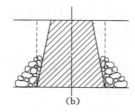 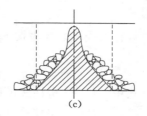

(a)　　　　　　　(b)　　　　　　　(c)

图 2-2-1　煤柱破坏形态示意图

图 2-2-1 中(a)类似压力机加载载荷到岩石之上,这是因为当煤柱所受载荷大于煤柱极限强度时,顶、底板与煤柱之间较大的摩擦效应作用产生的一种对顶锤形态的破坏,当煤柱宽高比合理而上覆岩层载荷较大时可能会出现此种形态的煤柱破坏。图 2-2-1 中(b)特指当采高较大,从而导致煤柱的宽高比不合理时,上覆岩层的重量作用于煤柱,使煤柱发生横向的变形破坏,出现片帮现象。图 2-2-1 中(c)则是因载荷的不断加载,加载压力大于煤柱的极限强度,使煤柱的塑性区不断扩大乃至联通之后,煤柱失去弹性区而整体呈现塑性破坏形态。

当煤柱载荷大于煤柱自身的极限强度之时,煤柱的支撑能力此刻便不再起作用,煤柱会产生破坏,具体破坏判别准则如下式:

$$K\sigma \leqslant \sigma_\mathrm{p}$$

式中　　σ——煤柱平均应力;

　　　　K——安全系数,$K=2$;

　　　　σ_p——煤柱极限强度。

其中煤柱所受的平均应力可按开采水平煤层的情况近似计算,假设煤柱的大小尺寸均一致,单个煤柱不仅承受自身上覆岩层的重量,而且上覆岩层周围一半跨度内重量也同时施加于煤柱之上,其具体情况如图 2-2-2 所示。

单一煤柱所受载荷按下式计算:

$$P_\mathrm{i} = (B + B_1)(L + B_2)\gamma H$$

煤柱所受平均应力按下式计算:

$$\sigma = \frac{P_\mathrm{i}}{BL}$$

式中　　L——房柱式煤柱长度;

　　　　B——房柱式煤柱宽度;

　　　　B_1——采出宽度;

　　　　B_2——巷道宽度;

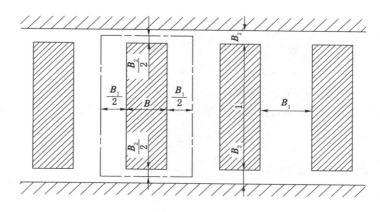

图 2-2-2　煤柱所受载荷示意图

　　γ——上覆岩层平均容重；

　　H——开采煤层埋深。

将上式代入得到具体的计算公式：

$$\sigma = P_i = \frac{(B+B_1)(L+B_2)}{BL}\gamma H = (1+\frac{A_k}{A_z})\gamma H = \frac{1}{\eta}\gamma H$$

式中　A_k——开采工作面面积；

　　　A_z——煤柱面积；

　　　η——煤柱面积比率。

　　煤柱所能承受的极限强度同时受到多重因素的影响。它不仅与煤柱自身的性质密切相关，同时还会因为周围环境的不同而产生变化。目前针对煤柱的极限强度的研究最具有代表性的有以下四种计算方法。

　　① 霍兰-家迪公式：

$$\sigma_p = \frac{K\sqrt{B}}{M}$$

　　② 奥伯特-杜瓦尔公式：

$$\sigma_\text{p} = \sigma_c (0.778 + 0.222 \frac{B}{M})$$

③ 回归方程：

$$\sigma_\text{p} = KM^\alpha B^\beta$$

④ 现场实测经验公式。

现场实测表明，当煤柱的宽高比小于 5 的情况下，有：

$$\sigma_\text{p} = \sigma_c (a + b \frac{B}{M})$$

式中　σ_c——单轴抗压强度；

　　　B——采宽；

　　　M——采高；

　　　K——煤柱的特征系数，$K = \sigma_c \sqrt{D}$，其中 D 为立方体煤样
　　　　　边长；

　　　α, β, a, b——与环境相关的常系数。

2.2.2　上覆煤柱稳定性预测

2.2.2.1　塑性区预测方法

煤柱内塑性区载荷可近似用下式计算：

$$\sigma_\text{y} = \xi (P_\text{i} + C \cot \varphi) \mathrm{e}^{\frac{2\xi f}{M}} - C \cot \varphi$$

式中　σ_y——煤柱塑性区载荷；

　　　ξ——三向应力系数；

　　　P_i——支护阻力；

　　　φ——煤体内摩擦角；

　　　C——煤体内聚力；

　　　f——煤体顶板摩擦系数；

　　　M——采高。

假设 $\sigma_\text{y} = K \gamma H$，得到煤柱塑性区的一般计算公式为：

$$x_0 = \frac{M}{2\xi f} \ln \frac{K \gamma H + C \cot \varphi}{\xi (P_\text{i} + C \cot \varphi)}$$

式中　γ——覆岩平均容重；

$\qquad$ H——采深；

$\qquad$ K——塑性区常系数。

当煤柱宽度满足 $B \leqslant 2x_0$ 时，煤柱所受载荷会超出煤柱的极限承受强度，从而使得煤柱的塑性破坏增大乃至贯穿整个煤柱，煤柱原有的弹性核区会消失。

由前述分析可知，煤柱一侧的塑性区宽度 x_0 主要取决于煤层的开采厚度、开采深度，回采引起的应力增高系数，煤柱的内摩擦角和内聚力，以及支护阻力等因素。当煤柱宽度 L 小于两侧塑性区宽度之和时，也就是当煤柱两侧形成的塑性区贯通时，中间弹性核区的宽度为零，煤柱在整体上处于塑性状态，煤柱的稳定性将明显降低，相应向底板传递的集中载荷将大大减小。采空区残留煤柱整体进入塑性屈服状态时的煤柱宽度为：

$$L \leqslant 2x_0$$

一般认为煤柱保持稳定的基本条件为：在煤柱两侧形成塑性屈服区后，煤柱中央仍处于弹性应力状态，即中央有一定宽度的弹性核。煤柱弹性核部的宽度一般取 $1 \sim 2$ 倍煤柱高度。稳定煤柱的最小宽度 B 为：

$$B = 2x_0 + (1 \sim 2)M$$

即：

$$B = \frac{M}{\xi f} \ln \frac{k\gamma H + C\cot\varphi}{\xi(p_i + C\cot\varphi)} + (1 \sim 2)M$$

对于存在上中下三个层位的极近距离煤层，当中层采过后，上部煤层煤柱整体进入塑性状态煤柱的宽度为：$L \leqslant 2x'_0$。其中，煤柱一侧塑性区宽度 x'_0 为：

$$x'_0 = \frac{M_u + h_r + M_m}{2\xi f} \ln \frac{k\gamma H + C\cot\varphi}{\xi(P_i + C\cot\varphi)}$$

式中　M_u——上煤层开采厚度，m；

M_m——中煤层开采厚度，m；

h_r——上中煤层间岩层厚度，m。

上部煤层稳定煤柱的最小宽度 B' 为：

$$B' = 2x'_0 + (1 \sim 2)(M_u + h_r + M_m)$$

即：

$$B' = \frac{M_u + h_r + M_m}{\xi f} \ln \frac{k\gamma H + C\cot \varphi}{\xi(p_i + C\cot \varphi)} + (1 \sim 2)(M_u + h_r + M_m)$$

以大同矿区极近距离煤层一般开采条件为例，煤层的开采平均厚度 M 取 3.0 m，煤层内摩擦角 φ 取 $30°$，内聚力 C 取 1.8 MPa，支架对煤帮的阻力 p_i 取 0，煤层间岩层厚度 h_r 平均取 3 m。煤层与顶底板岩层接触面的摩擦系数取 0.2，应力集中系数取 3.6，上覆岩层平均容重为 25 kN/m³，煤层平均埋深取 300 m。

由上式计算的 x_0 值为 3 m 左右，由式确定煤柱整体进入塑性状态时的煤柱宽度约为 6 m，由式确定稳定煤柱的最小宽度在 9～12 m，即大同矿区上部煤层开采的煤柱宽度大于 9～12 m 时能够形成稳定煤柱。

对大路坡煤矿 11^{-2} 煤层，煤层的开采平均厚度 M 取 3.0 m，煤层内摩擦角 φ 取 $26°$，内聚力 C 取 5.9 MPa，支架对煤帮的阻力 p_i 取 0，煤层间岩层厚度 h_r 平均取 3 m。煤层与顶底板岩层接触面的摩擦系数取 0.2，应力集中系数取 3.6，上覆岩层平均容重为 25 kN/m³，煤层平均埋深取 250 m。

由上式计算的 x_0 值为 0.325 m 左右，由式确定煤柱整体进入塑性状态时的煤柱宽度约为 0.65 m，由式确定稳定煤柱的最小宽度在 3.65～6.65 m，即大路坡煤矿 11^{-3} 煤层上覆 11^{-2} 煤层开采的煤柱宽度大于 3.65～6.65 m 时能够形成稳定煤柱。

通过不断的实践总结，得到了房柱式开采条件下煤柱两边塑性区范围的更为实用的估算公式：

$$C = (\frac{K_c \gamma H B_c}{1\,000\sigma_m} - 1)M\tan\,(45° - \frac{\varphi}{2})$$

式中　K_c——房柱式塑性区常系数，$1.5\sim2$；

　　　B_c——水平挤压系数，$1\sim2$；

　　　σ_m——煤体平均单向抗压强度，kPa。

将 $M = 3$ m，$\varphi = 26°$，$\sigma_m = 24.04$ MPa，$H = 250$ m，$K_c = 2$，$B_c = 2$，$\gamma = 25$ kN/m^3，代入上述公式有：

$$C = (\frac{2 \times 25 \times 1\,000 \times 250 \times 2}{1\,000 \times 24.04 \times 1\,000} - 1) \times 3 \times \tan\,(45° - \frac{26°}{2})$$

$$= 0.075 \text{ m}$$

则房柱式煤柱稳定核区宽度为：

$$S = B - 2C = (4 \sim 6) - 2 \times 0.075 = 3.85 \sim 5.85 \text{ m}$$

这说明煤柱中间还剩余 $3.85 \sim 5.85$ m 的稳定核区，但考虑流变性的影响，煤柱稳定性会进一步降低。

（2）应力分布预测方法

根据对煤柱有效区域研究结果，煤柱同时支撑上覆岩层及其周围岩层的重量，在上式基础上得到单一煤柱所承受的平均载荷计算公式：

$$\sigma = \gamma H(1 + \frac{B_1}{L})(1 + \frac{B_1}{B}) \times 10^{-5}$$

上式是针对理想情况下分析得到的载荷计算公式，但在现场的实践过程中，煤柱以及开采条件等方面受现场环境的影响难以做到绝对精确，因此在长期的实践工作中，考虑到现场施工所带来的各方面的影响，引入开采影响系数这一概念，对上述公式进行修正，得到更为合理的载荷计算公式：

$$\sigma = \frac{\gamma H}{k}(1 + \frac{B_1}{L})(1 + \frac{B_1}{B}) \times 10^{-5}$$

式中　k——修正系数，取 0.85。

将 $\gamma = 25$ kN/m^3，$H = 250$ m，$B_1 = 5$ m，$B = 4$ m，$L = 15$ m，代

入得到

$$\sigma = \frac{2.5 \times 1\,000 \times 250}{0.85} \times (1 + \frac{5}{15}) \times (1 + \frac{5}{4}) \times 10^{-5}$$

$$= 18.75 \text{ MPa}$$

由于 11^{-2} 号煤层单轴抗压强度平均 24.04 MPa，因此，按单向受力状态计算法分析，煤柱稳定性相对较好。

综上，采用理论分析的方法对 11^{-2} 煤层房柱式采空区煤柱稳定性进行分析表明，4 m 宽 15 m 长煤柱稳定性相对较好，不易破坏失稳。

2.3　上覆煤柱危害分析

2.3.1　高应力集中危害

针对近距离煤柱区域应力集中危害问题，调研了以大同侏罗系煤层开采为主的几个典型的近距离煤柱下开采工作面的回采情况。

（1）大同王村煤矿

大同矿区王村煤矿在 $12^{\#}$ 煤层（距上部已采 $11^{\#}$ 煤层间距 3.2 m）回采时，8501 工作面选用 ZY560 型支架回采，当工作面推进 61 m 时，运输巷端头出现漏顶，后发展至工作面机道漏顶，工作面推进 113 m 时，机道几乎全部漏顶，压埋 75 架后被迫停产。经统计，大同矿区开采极近距离煤层工作面上百个，由于压架停产撤出设备的不下 22 个，部分矿井设备无法撤出。

（2）大同四台矿

大同四台矿 404 盘区 10 号、11 号煤层属于极近距离煤层，上部 10 号煤层回采已经结束，11 号煤层厚度 2.0～7.4 m，平均 4.0 m，煤层倾角 1°～6°，平均 3°，煤层与 10 号煤层层间距 0.4～17.8 m，大部分区段 0.4～1.5 m，平均 1 m，埋深平均 200 m。11 号层

8423 工作面倾斜长度 134 m,回采巷道内错 4 m 布设,采空区下掘进时采用留 11 号顶煤掘进,支护采用锚网和工字钢棚联合支护。巷道在采空区范围下掘进时压力显现非常明显,顶煤边掘边冒,冒顶长度达 130 m,冒顶宽度为 1.5～2.5 m,冒顶高度为 0.9～1.4 m,能留住顶煤处,破碎顶煤托于工字钢棚上方,锚杆托板压烂,锚杆螺帽压飞、锚杆杆体被拉断,工字钢顶梁严重变形。后改用 2 m 段锚索进行加强支架,棚距改为 0.5 m,并在压弯的顶梁下支设单体和木柱。采用马丽散对巷道顶煤进行超前加固,对高冒区采用艾格劳尼泡沫充填。工作面采用 ZZS6000/17/37 型支架,工作面在进入采空区前 20 m(实体煤)至进入采空区 7 m 时,工作面及巷道片帮严重,顶板压力增大,局部破碎垮落,安全阀开启率80%。工作面推进至距采空区边界 7 m 时,顶板压力变小,煤壁片帮现象减轻。当工作面推进至采空区范围外 15 m 时,压力显现与工作面进入采空区时相似,强度稍弱。

（3）大同四老沟矿

大同四老沟矿 8402 大采高工作面面长 181.5 m,煤层厚度3.45～6.7 m,平均采高 4.2 m,煤层倾角 2°～5°,采用 ZZ9900/29.5/55型支架,工作面上覆 11 煤,距离本煤层 27.2 m,留有 20～30 m 宽的工作面平巷区段煤柱。此段工作面共计来压 4 次,每次来压安全阀有 60%～80%的开启,且开启时间长,尤其是工作面出煤柱 5～10 m 位置处,支架安全阀一直开启。支架来压强度平均 1.42,是正常回采来压强度 1.2 的 1.18 倍。

（4）晋城莒山矿

晋城莒山矿 3502 工作面在煤层厚度 5.62 m 条件下采用分层开采,第一层采高 2.2 m,受到工作面淋水增大影响,推进过程中留设了平均 16 m 宽的煤柱,下分层剩余煤层厚度 3.42 m,采高2.8 m,工作面采用 ZY2000/14/31 型综采支架,在煤柱下回采时,工作面不同地段煤壁被挤压呈鳞片状剥落,煤柱下来压时,顶板出现了强烈的折断声和岩石滚动声,工作面煤壁由剥落出现片帮,支架急剧下沉量达 80～150 mm,来压持续约 2 h,然后渐渐趋于稳定,稳定时间约持续 48 h,其间,工作面中部出现了严重底鼓达 300 mm,部分支架趋于达 500 mm,无法推移输送机和拉架,影响采煤机通过。工作面从机头起 15～83 m 之间片帮严重,深度 500～800 mm,局部 1 000 mm 以上,42 号至 50 号架支架上方煤体漏空,工作面顶板直接可见,个别支架出现失稳现象。

大同矿区等极近距离下部煤层开采实践表明,上覆遗留煤柱的存在,对下层工作面的影响十分明显。在开采过程中极易出现顶板破碎,不易管理,常出现机道漏顶事故,严重影响下层工作面的安全、高效回采。

2.3.2 顶板大面积垮落危害

顶板大面积来压是坚硬顶板在刀柱、房柱式开采时的一种特有的剧烈动压现象。顶板大面积来压的冒落方式有整体一次冒落式和分层分次冒落式。顶板大面积来压的冒顶类型有切冒型和拱冒型。顶板大面积来压冒落与煤柱分布有关,由于煤柱被压酥,顶板失去支撑导致大面积来压,因此煤柱分布往往是来压与否的关键。

(1) 残留煤柱的面积与采空区总面积之百分比,称煤柱面积比率。开采厚煤层时,比率大于 30%,开采薄及中厚煤层时,比率大于 25%,一般不发生大面积来压;而比率小于 20% 的采空区大都发生大面积来压。例如同家梁 11 号煤层 301 盘区,煤柱面积比率为 17.2%,采空面积达 32 400 m² 时,发生了大面积来压,而同一煤层的口泉沟盘区,煤柱面积比率为 46.7%,采空面积达 52 000 m²,也没有发生大面积来压。

(2) 煤柱的宽高比直接影响其稳定性。当宽高比大于 3～4 时,一般不发生大面积来压,这种煤柱往往可起到顶板冒落的隔离煤柱作用。例如挖金湾矿 404 盘区,由于 8402 工作面的巷道煤柱宽达 30 m 有余,宽高比达 6.7,大面积来压时成了塌陷区的边缘。

(3)煤柱的平面分布影响大面积来压的范围。煤柱尺寸小,分布稀疏的区域,容易发生大面积来压;煤柱尺寸大,分布密集的区域往往是塌陷区的边缘。例如在挖金湾青羊湾井 404 盘区,虽然煤柱面积比率达 25.7%,但由于煤柱分布极不均匀,四周上山煤柱和隔离煤柱宽而密,中部煤柱窄而疏,故在开采后期发生了大面积来压冒落,冒顶后地表沉陷 0.5~1.0 m,产生的暴风吹出井口,通风系统遭到破坏。

国内相关学者也对大同矿区顶板大面积来压问题进行了系统研究。侯志鹰、王家臣采用三维有限差分法 FLAC[3D] 软件对大同矿区刀柱开采引发的井下工作面顶板大面积突然垮落和地表整体塌陷进行了采场力学行为模拟,全面分析了开采历史过程的应力场、位移场和破坏场的分布与变化,以及采场内煤柱的稳定性,提出了采场内煤柱失稳破坏引起采场应力重新分布,出现煤柱群连续失稳破坏的多米诺效应,从而导致采空区顶板大面积突然垮落和地表整体塌陷[69]。黄庆国、赵军对不同采煤方法引起的不同沉陷类型进行了分析,总结出大同地区坚硬顶板具有大面积冒落的特征,认为坚硬顶板条件下,极易产生"多米诺"连锁失稳破坏,造成地表大面积沉陷[70]。胡守平等通过对覆岩活动的力学分析,得出坚硬顶板塌陷原因,在采空区部分煤柱丧失承载能力后,上部覆岩的围岩应力将向周边仍具有一定承载力且尚未完全失效的煤柱上转移,相邻煤柱由于承受载荷过大相继压垮,产生"多米诺骨牌"连锁效应,造成顶板塌陷[71]。陈刚针对浅埋深薄基岩下柱式体系采煤法两类煤柱即支撑煤柱和隔离煤柱的不同作用分别进行了研究,并提出了回采工作面的合理采留尺寸参数[72]。

大路坡煤矿的开采情况与长壁刀柱开采相比,煤柱支撑条件相对较好,但下层综采面回采后,仍然有可能引起上覆房柱式采空区产生连锁失稳,进而可能产生大面积来压危险。

2.4 上覆煤柱稳定性数值模拟分析

2.4.1 数值模拟模型

FLAC³ᴰ是一个三维显式有限差分程序,主要用来模拟计算工程中遇到的力学问题。FLAC³ᴰ可以模拟三维岩石、土壤及其他材料所发生的力学行为,诸如在发生屈服破坏时所引起的塑性流动等。模型由空间结点构成的多面体组成,任何复杂的物体形状均可以模拟。通过给定材料本构模型,FLAC³ᴰ可以模拟分析线性的或非线性的材料力学特征。采用显式拉格朗日快算原理和混合离散单元划分技术,FLAC³ᴰ可以非常理想的模拟材料的塑性破坏和塑性流动行为。FLAC³ᴰ作为一种岩土工程领域内的大型专业软件,对矿井地下开采所涉及的岩土力学问题具有较好的模拟效果,为此在煤矿开采领域得到了越来越广泛的应用。

基于矿井地质柱状图建立模型,所采用的岩层厚度如表 2-4-1所示。

表 2-4-1　　　模拟采用的煤岩层厚度表

序号	岩性	厚度/m	采用厚度/m	累积深度/m
23	细砂岩	6	6	154.8
22	4 煤	0.6	0.6	155.4
21	细砂岩	5.6	5.5	160.9
20	5 煤	0.5	0.5	161.4
19	粉砂岩	7	7	168.4
18	砂质泥岩	2.3	2.3	170.7
17	6 煤	0.4	0.4	171.1
16	粉砂岩	0.4	0.4	171.5

表 2-4-1(续)

序号	岩性	厚度/m	采用厚度/m	累积深度/m
15	7 煤	1.47	1.5	173
14	粉细砂岩	17.39	17.4	190.4
13	煤线	0.4	0.4	190.8
12	粉砂岩	10.4	10.4	201.2
11	8 煤	1.39	1.4	202.6
10	粉砂岩	16.3	16.3	218.9
9	9 煤	0.4	0.4	219.3
8	细砂岩	20.5	20.5	239.8
7	泥岩	1.5	1.5	241.3
6	11^{-1}煤	0.5	0.5	241.8
5	泥岩	2.93	2.9	244.7
4	11^{-2}煤	6	6	250.7
3	细砂岩	5	3	253.7
2	11^{-3}煤	1.78	1.8	255.5
1	砂质泥岩	15.73	20	275.5

模拟采用的煤岩层力学参数如表 2-4-2 所示。建立的数值模拟模型如图 2-4-1 所示。

表 2-4-2　　模拟采用的煤岩物理力学性质参数表

岩性	容重/(kg/m³)	抗拉强度/MPa	内聚力/MPa	内摩擦角/(°)	弹性模量/GPa	泊松比
砂质泥岩	2 580	10.67	14.9	26.6	16.8	0.21
煤	1 250	0.56	5.9	26.39	1.37	0.287
细砂岩	2 390	9.72	13.35	31.41	23.4	0.23
泥岩	2 400	4.4	7.1	22.9	8	0.16
粉砂岩	2 500	7.73	12.06	26.9	20.9	0.36

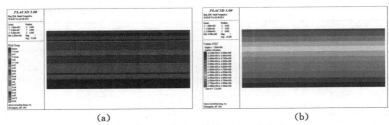

（a）　　　　　　　　　　　（b）

图 2-4-1　建立的数值模拟模型图

（a）煤岩层赋存情况；（b）初始平衡后的应力分布图

　　模拟采用的模型长×宽×高尺寸为 300 m×1 m×126.7 m，未模拟的上部岩层 150 m 采用等效载荷方式施加在模型顶部。整个模型 4 个立面均固定法向位移，底面同样固定法向位移。煤岩层物理力学参数按试验室测定数据给定，没有试验数据的岩层属性按岩性的平均取值给定。模型中层理弱面用 INTERFACE 模拟。模型中支架用 BEAM 单元模拟。

　　研究分析大路坡 11^{-2} 煤层条件下，在采高 3 m、6 m 时，煤柱分别为 4 m、6 m 时（采空巷道宽度均为 5 m），煤柱及其顶底的受力和破坏情况。

2.4.2　数值模拟结果

　　模拟得到不同条件下煤柱的垂直方向应力、围岩破坏状态以及垂直方向位移分别如图 2-4-2 至图 2-4-6 所示。

　　分析图 2-4-2 和图 2-4-3 可知，采高相同时，随着煤柱尺寸的增大，应力集中程度增大；煤柱尺寸相同时，随着采高的增大，应力集中程度降低。

　　分析图 2-4-4 可知，当煤柱宽度较小（4 m）时，在采高较小（3 m）时，煤柱塑性破坏区连通，采高增大后，煤柱破坏情况加剧，上方直接顶板范围均发生了破坏；当煤柱宽度较大（6 m）时，在采高较小（3 m）时，煤柱塑性破坏区较小，尚有 4 m 没有发生塑性破坏，但采高增大后，煤柱被塑性破坏连通。

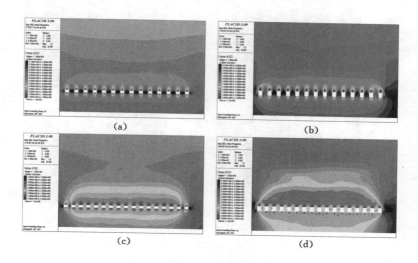

(a)   (b)

                                  (c)   (d)

图 2-4-2　不同条件下的垂直应力分布图

(a) 采高 3 m、煤柱 6 m；(b) 采高 6 m、煤柱 6 m；

(c) 采高 3 m、煤柱 4 m；(d) 采高 6 m、煤柱 4 m

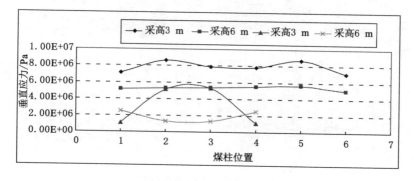

图 2-4-3　不同条件下的煤柱的垂直应力分布曲线图

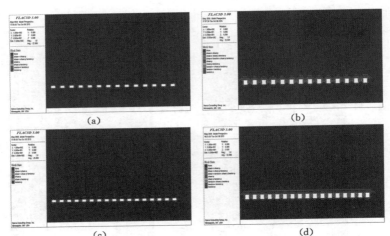

图 2-4-4　不同条件下的塑性破坏分布图

（a）采高 3 m、煤柱 6 m;（b）采高 6 m、煤柱 6 m;
（c）采高 3 m、煤柱 4 m;（d）采高 6 m、煤柱 4 m

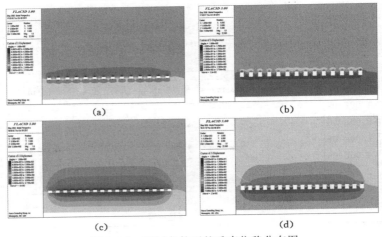

图 2-4-5　不同条件下的垂直位移分布图

（a）采高 3 m、煤柱 6 m;（b）采高 6 m、煤柱 6 m;
（c）采高 3 m、煤柱 4 m;（d）采高 6 m、煤柱 4 m

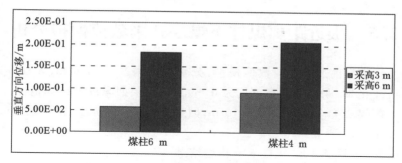

图 2-4-6　不同条件下的最大垂直位移分布图

分析图 2-4-5 和图 2-4-6 可知，在煤柱宽度较小(4 m)时，随着采高的增大，垂直方向顶板位移增大；在煤柱宽度较大(6 m)时，随着采高的增大，垂直方向顶板位移增大；在采高一定时，煤柱宽度越小，顶板垂直方向位移越大。

通过数值模拟分析煤柱的应力集中情况可知，采高相同时，随着煤柱尺寸的增大，应力集中程度增大；煤柱尺寸相同时，随着采高的增大，应力集中程度降低。

通过数值模拟分析煤柱的塑性破坏情况可知，在煤柱宽度较小(4 m)，采高较小(3 m)时，煤柱塑性破坏区连通，采高增大后，煤柱破坏情况加剧，上方直接顶板范围均发生了破坏；当煤柱宽度较大(6 m)时，在采高较小(3 m)时，煤柱塑性破坏区较小，尚有 4 m 没有发生塑性破坏，但采高增大后，煤柱被塑性破坏连通。

通过数值模拟分析顶板垂直位移情况可知，在煤柱宽度较小(4 m)时，随着采高的增大，垂直方向顶板位移增大；在煤柱宽度较大(6 m)时，随着采高的增大，垂直方向顶板位移增大；在采高一定时，煤柱宽度越小，顶板垂直方向位移越大。

分析可知，大路坡煤矿遗留煤柱在煤柱宽度 6 m，采高 3 m 时(采空 5 m 宽)能够保持稳定，其他情况煤柱两侧塑性变形均产生了连通，均不利于保持煤柱的稳定。

2.5　极近距离煤柱下煤层开采数值模拟分析

根据前述建立的数值模型,分别为在采高 3 m、6 m,煤柱 6 m、4 m 时(采空巷道宽度均为 5 m)下部煤层回采围岩破坏情况。下部煤层工作面开切眼按 10 m,回采 10 m 一个阶段,共回采 10 次 100 m。

2.5.1　采高 3 m、煤柱 6 m 模型结果

上覆采空区采高 3 m、煤柱 6 m 时,下部工作面回采后形成的顶板破坏状态和垂直应力分布如图 2-5-1 所示(左侧为破坏图、右侧为应力图)。

分析顶板的破坏状态可得,随着下部煤层工作面的回采,下部煤层顶板 3 m 发生完全破坏,上部煤层直接顶板 4.9 m 范围发生完全破坏;工作面推进至 50 m 后,顶板破坏向上发展至 20.5 m 厚细砂岩,分析此时会发生一次较大来压。

分析顶煤顶板的应力状态可得,随工作面推进,在回采范围顶板底板形成压力降低区,进入采空区的上覆煤柱应力集中消失,工作面前方煤柱应力集中程度增大,煤壁前方应力受煤柱影响强烈。

2.5.2　采高 6 m、煤柱 6 m 模型结果

上覆采空区采高 6 m、煤柱 6 m 时,下部工作面回采后形成的顶板破坏状态和垂直应力分布如图 2-5-2 所示(左侧为破坏图、右侧为应力图)。

分析顶板的破坏状态可得,随着下部煤层工作面的回采,下部煤层顶板 3 m 发生完全破坏,上部煤层直接顶板 4.9 m 范围发生完全破坏;工作面推进至 40 m 后,顶板破坏向上发展至 20.5 m 厚细砂岩,分析此时会发生一次较大来压;工作面推进至 70 m 时,工作面前方煤柱上覆顶板产生破断,煤柱会发生大范围破坏,产生大面积来压。

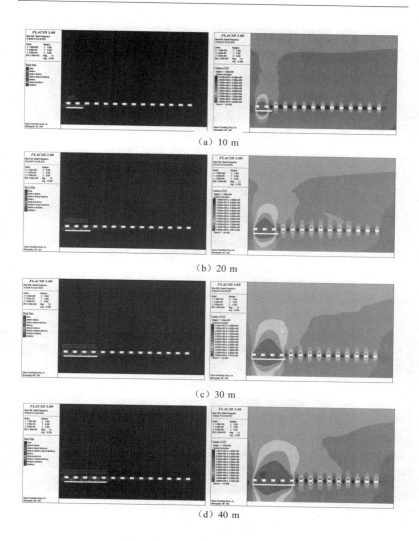

（a）10 m

（b）20 m

（c）30 m

（d）40 m

图 2-5-1　不同推进步距下的顶煤顶板破坏与垂直应力分布状态图

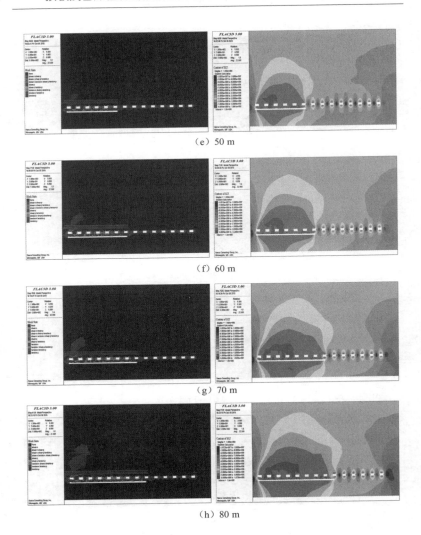

（e）50 m

（f）60 m

（g）70 m

（h）80 m

图 2-5-1　（续）

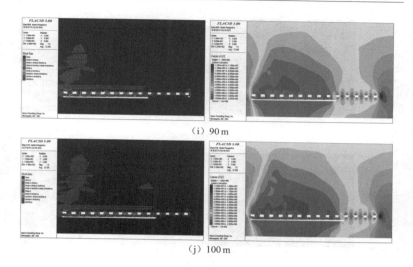

（i）90 m

（j）100 m

图 2-5-1　（续）

　　分析顶煤顶板的应力状态可得,初始状态时,由于上部煤层采高较大,在顶板范围内形成了较大的破坏区和应力降低区。随工作面推进,在回采范围顶板底板形成压力降低区,进入采空区的上覆煤柱应力集中消失,工作面前方煤柱应力集中程度增大,煤壁前方应力受煤柱影响强烈。受到工作面推进至 70 m 时,前方上覆坚硬顶板的破断影响,工作面上方覆岩垂直应力出现双峰状态。

2.5.3　采高 3 m、煤柱 4 m 模型结果

　　上覆采空区采高 3 m、煤柱 4 m 时,下部工作面回采后形成的顶板破坏状态和垂直应力分布如图 2-5-3 所示(左侧为破坏图、右侧为应力图)。

　　分析顶板的破坏状态可得,随着下部煤层工作面的回采,下部煤层顶板 3 m 发生完全破坏,上部煤层直接顶板 4.9 m 范围发生完全破坏;工作面推进至 40 m 后,顶板破坏向上发展至 20.5 m 厚细砂岩,分析此时会发生一次较大来压;工作面推进至 70～80

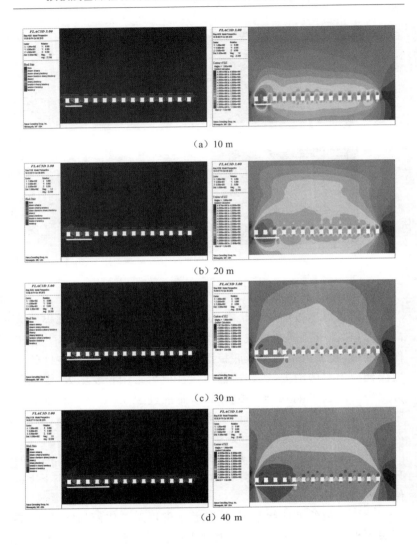

（a）10 m

（b）20 m

（c）30 m

（d）40 m

图 2-5-2　不同推进步距下的顶煤顶板破坏与垂直应力分布状态图

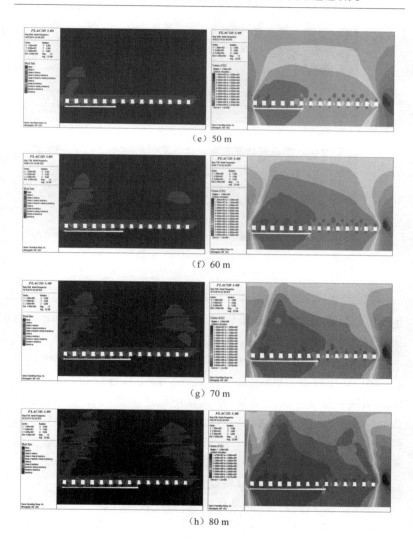

（e）50 m

（f）60 m

（g）70 m

（h）80 m

图 2-5-2　（续）

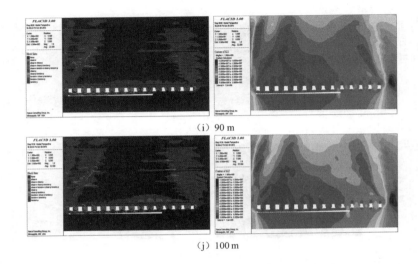

(i) 90 m

(j) 100 m

图 2-5-2 （续）

m 时,工作面前方煤柱上覆坚硬顶板产生破断,煤柱会发生大范围破坏,产生大面积来压。

分析顶煤顶板的应力状态可得,初始状态时,由于上部煤层采高较小,煤柱较小,总体破坏范围较小。随工作面推进,在回采范围顶板底板形成压力降低区,进入采空区的上覆煤柱应力集中消失,工作面前方煤柱应力集中程度增大,煤壁前方应力受煤柱影响强烈。受到工作面推进至 70～80 m 时,前方上覆坚硬顶板的破断影响,工作面上方覆岩垂直应力出现双峰状态。

2.5.4 采高 6 m、煤柱 4 m 模型结果

上覆采空区采高 6 m、煤柱 4 m 时,下部工作面回采后形成的顶板破坏状态和垂直应力分布如图 2-5-4 所示(左侧为破坏图、右侧为应力图)。

分析顶板的破坏状态可得,随着下部煤层工作面的回采,下部

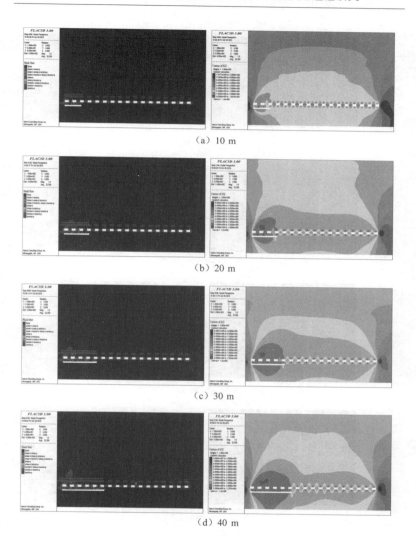

（a）10 m

（b）20 m

（c）30 m

（d）40 m

图 2-5-3　不同推进步距下的顶煤顶板破坏与垂直应力分布状态图

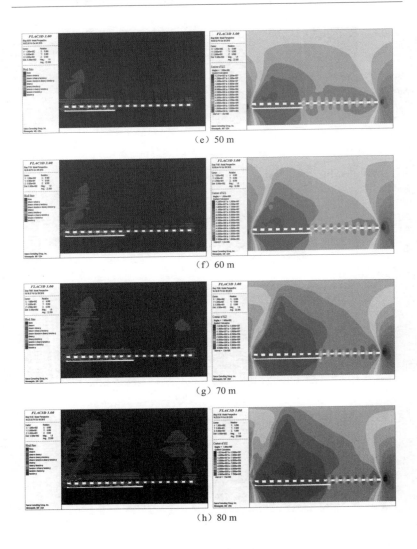

（e）50 m

（f）60 m

（g）70 m

（h）80 m

图 2-5-3 （续）

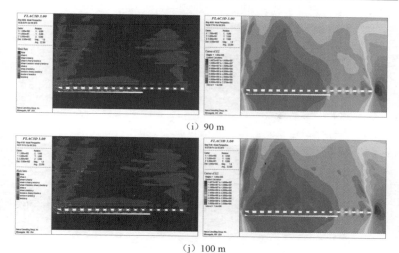

（i）90 m

（j）100 m

图 2-5-3　（续）

煤层顶板 3 m 发生完全破坏,上部煤层直接顶板 4.9 m 范围发生完全破坏;工作面推进至 40 m 后,顶板破坏向上发展至 20.5 m 厚细砂岩,分析此时会发生一次较大来压;工作面推进至 50～60 m 时,工作面前方煤柱上覆坚硬顶板产生破断,煤柱会发生大范围破坏,产生大面积来压。

　　分析顶煤顶板的应力状态可得,初始状态时,由于上部煤层采高较小,煤柱较小,总体破坏范围较小。随工作面推进,在回采范围顶板底板形成压力降低区,进入采空区的上覆煤柱应力集中消失,工作面前方煤柱应力集中程度增大,煤壁前方应力受煤柱影响强烈。受到工作面推进至 50～60 m 时,前方上覆坚硬顶板的破断影响,工作面上方覆岩垂直应力出现双峰状态。

2.5.5　小结

　　由数值模拟分析可知,无论上覆煤柱尺寸如何,下部煤层工作

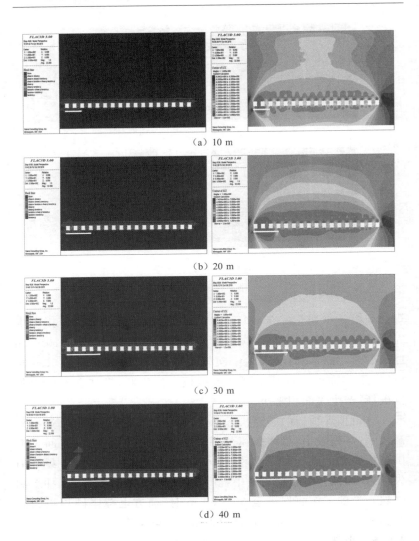

(a) 10 m

(b) 20 m

(c) 30 m

(d) 40 m

图 2-5-4　不同推进步距下的顶煤顶板破坏与垂直应力分布状态图

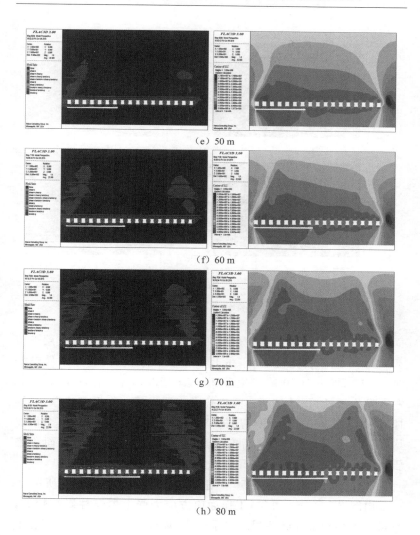

（e）50 m

（f）60 m

（g）70 m

（h）80 m

图 2-5-4 （续）

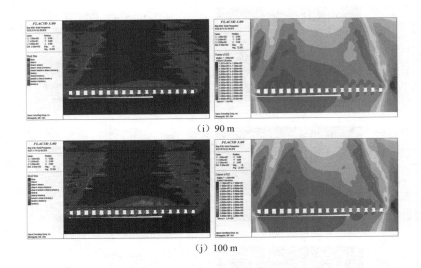

（i）90 m

（j）100 m

图 2-5-4 （续）

面开采时,层间顶板发生完全破坏,随采随垮。由于上部煤层上覆 20.5 m 厚细砂岩比较坚硬,在上覆煤柱尺寸较大,支撑条件较好时,工作面推进至 50 m 发生破断,其余情况均在工作面推进 40 m 左右发生破断,预计破断会产生较大来压显现。在上部采厚小、煤柱大时,工作面前方上覆煤层的坚硬顶板没有发生破断,其余情况均在工作面回采至 60 m 后产生超前破断,预计会产生大面积来压。因此该层顶板需要进行处理。

对比分析工作面前方 50 m 垂直应力情况,如图 2-5-5 所示。

由图 2-5-5 分析可见,工作面前方应力受上覆煤柱影响较大,与煤柱大小和塑性破坏程度关系较大,煤柱越完好,对下部煤层工作面影响越大。

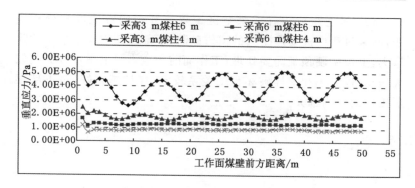

图 2-5-5　不同推进步距下的超前应力峰值变化曲线图

2.6　本章小结

（1）通过理论分析给出了极近距离煤层定量定义，通过分析认为大路坡煤矿 11^{-2} 煤层与 11^{-3} 煤层为极近距离煤层开采。分析了上部煤层开采覆岩充分垮落和非充分垮落时的围岩应力分布规律，分析了煤层底板损伤状态。

（2）分析了上覆煤柱破坏机理，采用塑性区预测方法和应力分布预测方法对煤柱稳定性进行了分析，认为大路坡煤矿 11^{-2} 煤层 4 m 宽 15 m 长煤柱稳定性相对较好，不易破坏失稳。

（3）分析了上覆煤柱的危害，主要是高应力集中导致下部煤层开采工作面压架和由于下部煤层开采可能导致上覆房柱式采空区产生顶板大面积垮落。

（4）对上覆煤柱的稳定性进行了数值模拟分析，大路坡煤矿遗留煤柱在煤柱宽度 6 m，采高 3 m 时（采空 5 m 宽）能够保持稳定，其他情况煤柱两侧塑性变形均产生了连通，均不利于保持煤柱的稳定。

（5）极近距离房柱式采空区下煤层开采的数值模拟分析表明，回采过程中极易产生大的覆岩破断，下部工作面支架压架危险增大，上覆坚硬顶板需要处理；工作面前方应力受上覆煤柱影响较大，与煤柱大小和塑性破坏程度关系较大，煤柱越完好，对下部煤层工作面影响越大。

第 3 章　综采工作面过底板空巷围岩稳定性分析

　　空巷顶板稳定性是保证上覆工作面顺利通过的前提条件,以沙坪煤矿 18201 工作面过下方空巷为例,空巷顶板稳定性主要受到工作面通过前的超前支承压力影响以及工作面处于空巷正上方时支架自身重力以及工作阻力的作用,为防止工作面在过空巷时再次发生塌陷事故,必须对前方空巷顶板稳定性进行分析。

3.1　综采工作面回采底板破坏深度分析

　　采煤工作面的移动支承压力不仅会在前方煤体上应力集中,而且还会向煤层工作面底板深部传递,在底板岩层一定深度内重新分布应力,成为影响底板巷道稳定性的重要因素。在工作面移动支承压力下,当作用在底板岩层上的支承压力达到或超过其临界强度时,底板岩层产生塑性变形,形成塑性破坏区。沿工作面走向底板岩体的塑性区边界由三部分组成:主动极限区 oab 及被动极限区 ocd,其滑移线各由两组直线组成:过渡区 obc,其滑移线一组由一对数螺线组成,另一组为自 o 为起点的放射线,如图 3-1-1 所示。

　　底板破坏程度主要取决于工作面的移动支承压力作用,其影响因素有开采深度、煤层倾角、开采厚度、工作面长度、开采方法和顶板管理等,其次是底板岩层的抗破坏能力,包括岩石强度、岩层

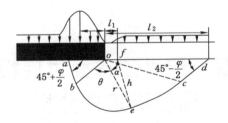

图 3-1-1　极限状态下底板岩体塑性破坏区剖面示意图

组合及原始裂隙发育状况等。由于 8 上煤层与 8 下煤层之间的岩层为泥岩,分别按断裂力学和塑性力学理论分析 8 上煤层回采引起的底板破坏深度。

按断裂力学理论分析底板破坏深度。

$$D_{\max} = \frac{1.57\gamma^2 H^2 L}{4R_c^2}$$

式中　γ——底板岩体容重,取 25 kN/m³;

　　　H——煤层埋深,取 100 m;

　　　L——上层工作面倾斜长度,取 213 m;

　　　R_c——底板岩石的平均抗压强度,取 26.25 MPa。

得出:$D_{\max} = 0.75$ m。

按塑性力学理论分析 8 上煤层开采引起的底板破坏深度。

$$D_{\max} = \frac{0.015 H \cos\varphi_0}{2\cos\left(\frac{\pi}{4} + \frac{\varphi_0}{2}\right)} \exp\left[\left(\frac{\pi}{4} + \frac{\varphi_0}{2}\right)\tan\varphi_0\right]$$

式中　φ_0——底板岩体内摩擦角,取 30°;

　　　H——煤层埋深,取 100 m。

得出:$D_{\max} = 11$ m。

分析可知,18201 工作面回采造成的底板破坏深度可达 0.75～11 m,其中,0.75 m 范围内底板岩层发生断裂性质破坏,0.75～11

m 范围内底板岩层发生塑性破坏,其强度虽然降低但是能够保持相对完整。

在探明空巷范围内,8 上煤层与 8 下煤层的层间距的范围为 1.6~3.1 m,且在空巷的上方还留有约 1.5 m 厚的顶煤。空巷顶板将受到上部 18201 工作面回采的动压影响,并发生断裂性或塑性破坏,但是顶板断裂没有贯穿整个岩层,因此在采煤工作面通过前,所有空巷顶板均能保持完整性。

3.2　综采工作面过空巷时底板稳定性分析

在采煤工作面通过空巷时,空巷处于工作面底板卸压区内,支承压力对空巷顶板的影响可以忽略不计,而支架自身重力和支架支护时产生的工作阻力成为影响空巷顶板稳定性的主要因素。且当支架底座全部进入空巷顶板时,支架作用力完全传递到空巷顶板上,此时是工作面过空巷的最危险时刻。

根据圣维南原理,将支架对空巷顶板的作用力 F 转化为沿整个空巷顶板宽度的均布载荷 q,又由于空巷长度远大于其宽度,因此可将其视为跨度为 6.0 m 的两端固支岩梁。空巷顶板岩梁受力示意图如图 3-2-1 所示。

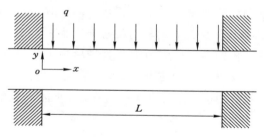

图 3-2-1　空巷顶板岩梁受力示意图

根据材料力学解析可知,在固支梁的两端($x=0,L$)弯矩最大,$M_{max}=-\dfrac{1}{12}qL^2$,式中 L 为巷道宽度。由于岩石抗拉强度远小于抗压强度,所以在固支梁两端的上方最先发生拉伸破坏。该处的最大拉应力 σ_{max} 为:

$$\sigma_{max} = \frac{qL^2}{2h^2}$$

式中　h——固支梁的厚度。

对采煤工作面安全通过威胁比较大的是与工作面平行的两条倾向空巷。根据地质勘查,该区域 8 号煤层上下分层间距为 $2.6\sim3.1$ m,且空巷上方约有 1.5 m 厚的顶煤。由分析可知,受工作面超前支承压力影响,该分层泥岩上部的 0.75 m 已发生了断裂破坏,而剩余的 $1.85\sim2.35$ m 厚的泥岩和 1.5 m 的顶煤则发生塑性破坏,但仍具有一定的承载能力。顶煤与上方 $1.85\sim2.35$ m 的泥岩形成空巷的复合顶板。根据顶煤与泥岩的强度对比关系,可将该复合顶板近似等效为厚度为 $2.5\sim3$ m 的泥岩。

根据 8 上煤层底板所做的物理力学实验结果,该底板泥岩的抗压强度 $\sigma_c=26.25$ MPa,抗拉强度 $\sigma_t=2.19$ MPa。由上述分析可知,底板泥岩在工作面采动影响下发生塑性破坏,考虑岩体塑性变形后强度弱化并保留一定安全系数,将岩体的峰后强度取峰前强度的 1/2,则该分层泥岩的峰后抗拉强度为 $\sigma'_t=1.1$ MPa。

当空巷顶板的最大拉应力大于其峰后最大抗拉强度时,即当 $\sigma_{max}>\sigma'_t$ 时,顶板发生拉伸破坏,有发生垮塌的危险。在无支护的情况下,顶板仅受向下的支架作用力作用,所能承载的最大载荷 q_m 为:

$$q_m = \frac{2h^2\sigma'_t}{L^2}$$

在空巷木垛支护的情况下,顶板承受支架作用力的同时受到

木垛的支撑作用,设木垛的支护强度为 q_0,那么此时顶板所能承担的最大载荷 q'_m 为:

$$q'_m = \frac{2h^2\sigma'_t}{L^2} + q_0$$

已知 $h = 2.5 \sim 3$ m,$L = 6$ m,$\sigma'_t = 1.1$ MPa,并取 $q_0 = 0.25$ MPa,将以上参数代入上面两个公式可得,空巷顶板在无支护条件下所能承载的最大载荷 $q_m = 0.38 \sim 0.55$ MPa,在木垛支护条件下所能承载的最大载荷 $q'_m = 0.63 \sim 0.8$ MPa。两组值中的上限值、下限值分别对应分层泥岩厚度为 2.6 m 和分层泥岩厚度为 3.1 m 的情况,以下计算均同此例。

支架对空巷顶板的作用力 F 由支架自身重力 G 和支架工作阻力 P 两部分组成,即满足公式:

$$F = G + P$$

将支架作用力 F 转化为作用在空巷顶板的均布载荷 q,满足关系式:

$$q = \frac{F}{L \times d}$$

式中,L 为空巷顶板宽度,取 6 m;d 为支架中心距,取 1.75 m。

已知支架自身重力为 25 t,即 250 kN,联立上述两个公式可得空巷未支护条件下所能承受的支架最大工作阻力 $P_m = 3\,740 \sim 5\,525$ kN,对应立柱的压力读数为 $18 \sim 27$ MPa;空巷采用木垛支护条件下所能承受的支架最大工作阻力 $P'_m = 6\,365 \sim 8\,150$ kN,对应立柱的压力读数为 $31 \sim 40$ MPa。

支架额定工作阻力为 8 000 kN(39.3 MPa),且根据工作面生产中已有矿压观测结果,工作面在初次来压和历次周期来压过程中,顶板压力均没有达到支架安全阀开启值 39.3 MPa。因此,当泥岩厚度为 3.1 m 时,在空巷采用木垛支护的情况下,工作面支架能够安全通过空巷,但需加强木垛支护的质量,保证木垛的稳定性和切实接顶。但是当泥岩厚度取最小值 2.6 m 时,为保证工作面安全通过,支架的工作阻力应不高于 6 365 kN,即立柱的压力不高于 31 MPa。

为保险起见,在工作面过空巷过程中,要求空巷区域内支架循环末阻力尽可能不超过 6 365 kN(31 MPa),并在此过程中对该区域内支架立柱压力实时监测。根据支架循环末阻力与初撑力的线性正相关关系,过空巷时该区域内的支架初撑力要求达到 10~15 MPa,能够护住顶板即可,不宜过高,与此同时将 1# 至 40# 支架的安全阀开启值调整为 30 MPa。但为保证顶板在空巷期间不会快速下沉,空巷区域以外的支架初撑力要不低于额定初撑力的 80%,即 25 MPa,且在过空巷之前和过空巷之后所有支架均要能够保证初撑力。

3.3 综采工作面过空巷底板木垛强度分析

过空巷时实际支护采用尺寸规格为 150 mm × 150 mm × 1 200 mm 的柳木道木搭设的木垛支护。木垛的中心间排距为 2.0 m × 2.0 m。每排木垛采用两个空心木垛和一个实心木垛支护。空心木垛每层使用 2 根道木。实心木垛每层使用 6 根道木。

根据资料显示,柳木横纹抗压强度约为 5 MPa,则每个空心木垛的最大支护强度 P_{max1} 为:

$$P_{max1} = \frac{5 \times 0.15 \times 0.15 \times 4}{2 \times 2} = 0.112\ 5\ \text{MPa}$$

则每个实心木垛的最大支护强度 P_{max2} 为:

$$P_{max2} = \frac{5 \times 0.15 \times 0.15 \times 36}{2 \times 2} = 1.012\ 5\ \text{MPa}$$

则每排木垛的平均最大支护强度 P_{max} 为:

$$P_{max} = \frac{P_{max1} \times 2 + P_{max2}}{3} = 0.412\ 5\ \text{MPa}$$

但是木垛属于缓增阻的被动支护,本身能够提供的初撑力很小。木垛主要作用是维护巷道顶底板的完整性,防止直接顶的挠曲破坏,并起到一定的充填作用,防止破碎顶板的冒落。只有当顶板的下沉量很大,且不断增加的情况下,木垛才能缓慢增加工作阻力。因为木垛允许的纵向压缩量较大,所以木垛很难达到其最大支护强度。只有当工作面从空巷上方通过的过程中,空巷顶板才有较快的下沉。但是该过程比较短暂。因此在过空巷过程中,木垛能够达到的支护强度依旧有限。据此分析,考虑一定的安全系数,在模拟中取木垛的支护强度为 0.25 MPa。

3.4　综采工作面过空巷底板破坏情况数值模拟分析

3.4.1　数值模拟模型

根据矿方提供的地质资料,建立 FLAC[3D]三维数值分析模型。各煤岩层岩性及厚度情况如表 3-4-1 所示。

表 3-4-1　　　　　　　　煤岩层岩性及厚度情况

序号	岩性	厚度/m	累厚/m
7	细砂岩	28	60
6	砂质泥岩	9	32
5	8 上煤	3.5	23
4	泥岩	3	19.5
3	8 下煤	4.5	16.5
2	泥岩	2	12
1	细砂岩	10	10

建立的数值模拟模型如图 3-4-1 所示。该模型走向长度 180 m，倾向长度 150 m，高度 60 m。把该模型四周边界进行固定。煤岩层物理力学参数按矿方提供的数据给定。该模型上方 100 m 覆岩层按重力施加在上边界。

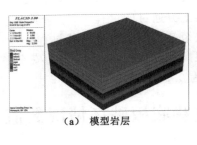

（a） 模型岩层

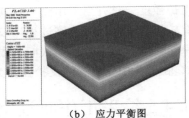

（b） 应力平衡图

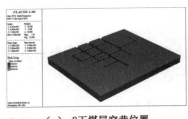

（c） 8下煤层空巷位置

（d） 8上煤层巷道及工作面位置

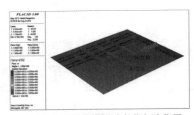

（e） 8上煤层工作面过空巷危险位置

图 3-4-1 建立的数值模拟模型图

在工作面过空巷过程中,对工作面安全通过威胁较大的是两条跨度较大且与工作面相平行的空巷(即 2# 空巷和 4# 空巷),如图 3-4-1(e)中所示。两条空巷上方所对应的位置为工作面过空巷的危险位置。

下面分析底板空巷未采取支护措施和采取木垛支护后两种情况下,两个危险位置的底板破坏情况。

3.4.2　推进至 2# 空巷时底板的破坏情况

工作面推进至 2# 空巷时,在空巷未支护和采取木垛支护的情况下,工作面下方 1 m、2 m、3 m、4 m 处的底板破坏情况,分别如图 3-4-2 和图 3-4-3 所示。

由图 3-4-2 和图 3-4-3 分析可知,当工作面推进至 2# 空巷时,在底板深度 1 m 范围内,受到工作面采动影响明显,底板破坏区域较大;底板深度 2 m 处受采动影响产生的破坏已经较小,底板深度 3 m 处仅仅在工作面与底空巷重叠的区域有破坏迹象;底板深度 4 m 处,上方工作面回采对底板破坏的影响已经不明显,空巷上方顶板的破坏主要是巷道的开挖所引起的塑形变形。底板空巷采取木垛支护后,与未采取支护措施的情况相比,底板破坏范围和破坏程度有所减少,但木垛支护更大的意义在于避免使空巷顶板已经发生的塑性破坏向垮断冒落发展。

工作面推进至 2# 空巷时,在空巷未支护和采取木垛支护的情况下,沿工作面倾向方向底板的破坏情况、垂直位移和垂直应力分布情况分别如图 3-4-4、图 3-4-5 和图 3-2-5 所示。

由以上各图分析可见,空巷在未采取支护措施的情况下,工作面推进至 2# 空巷时底板破坏深度达到 3 m 左右,部分底板发生全部破坏,底板发生全部破坏的区域位于机头区域 25 m 范围内,底板破坏形式主要为拉伸破坏。从底板位移情况看,靠近机头的 15～25 m 范围位移量偏大;从底板垂直应力分布看,位移量偏大的区域两侧出现了拉应力上下连通的情况,若不采取措施,该区域将会出

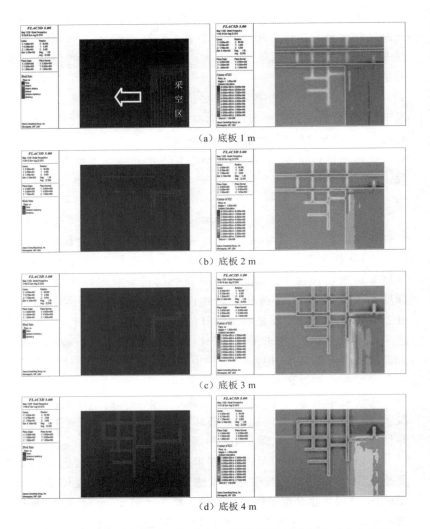

（a）底板 1 m

（b）底板 2 m

（c）底板 3 m

（d）底板 4 m

图 3-4-2　空巷不支护时工作面下方不同深度底板破坏和应力分布图
（a）底板 1 m;（b）底板 2 m;（c）底板 3 m;（d）底板 4 m

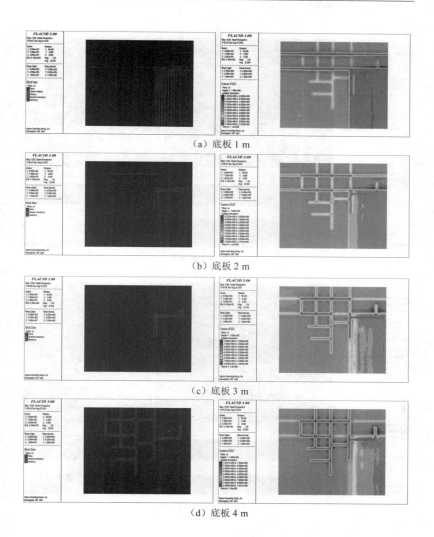

（a）底板 1 m

（b）底板 2 m

（c）底板 3 m

（d）底板 4 m

图 3-4-3 空巷支护时工作面下方不同位置破坏和应力分布图
（a）底板 1 m；（b）底板 2 m；（c）底板 3 m；（d）底板 4 m

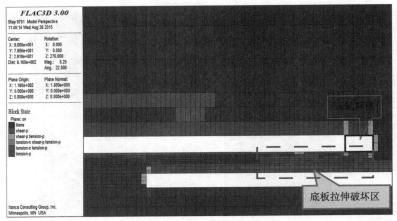

（a）空巷未支护情况

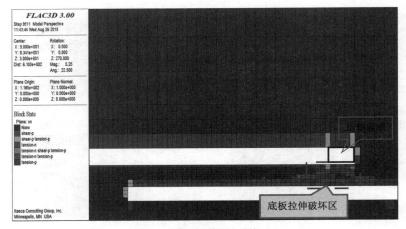

（b）空巷采取木垛支护情况

图 3-4-4　工作面推进至 2# 空巷时底板破坏倾向剖面图
（a）空巷未支护情况；（b）空巷采取木垛支护情况

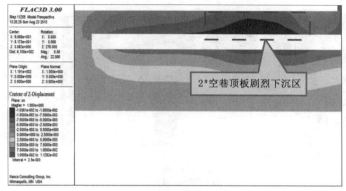

（a）空巷未支护

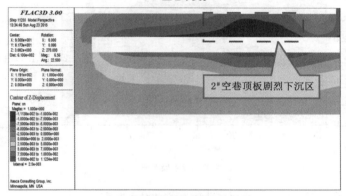

（b）空巷采取木垛支护

图 3-4-5　工作面推进至 2# 空巷时空巷顶板位移倾向剖面图
（a）空巷未支护；（b）空巷采取木垛支护

现明显的下沉甚至冒落。

在采取木垛支护后，工作面底板整体破坏的深度减小为 2 m 左右，且底板发生拉伸破坏贯通的范围由机头前方 23 m 减小为 8 m 左右，破坏范围明显减小；虽然在机头区域顶板下沉量依然较

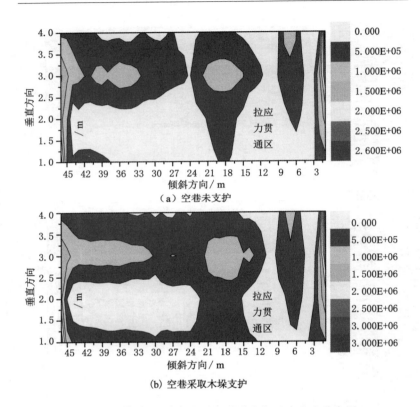

图 3-4-6　工作面推进至 2# 空巷时底板垂直应力分布图

（a）空巷未支护；（b）空巷采取木垛支护

大,但是由图 3-4-6(a)、(b)两图对比可知,底板拉应力区域有明显减少,应力分布情况较未采取支护措施有了明显的改善。

3.4.3　推进至 4# 空巷时底板的破坏情况

当工作面推进至 4# 空巷时,在空巷未采取支护和采取木垛支护后情况下,工作面下方底板深度 1 m、2 m、3 m、4 m 处的破坏情况,分别如图 3-4-7 和图 3-4-8 所示。

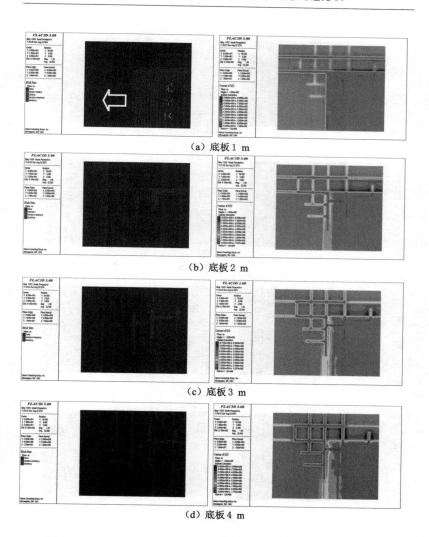

(a) 底板 1 m

(b) 底板 2 m

(c) 底板 3 m

(d) 底板 4 m

图 3-4-7 空巷不支护时工作面下方不同位置破坏和应力分布图

(a)底板 1 m;(b)底板 2 m;(c)底板 3 m;(d)底板 4 m

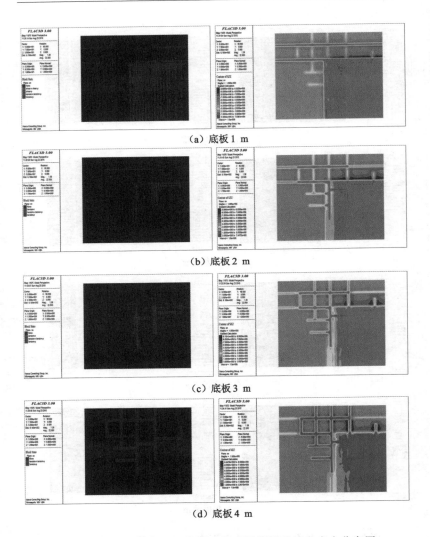

（a）底板 1 m

（b）底板 2 m

（c）底板 3 m

（d）底板 4 m

图 3-4-8　空巷支护时工作面下方不同位置破坏和应力分布图
（a）底板 1 m；（b）底板 2 m；（c）底板 3 m；（d）底板 4 m

由以上各图对比分析可见,当工作面推进至 4# 空巷时,底板深度 1 m 范围内,受到工作面采动影响明显,底板破坏区域较大;底板 2～3 m 处受采动影响产生的破坏已经较小,底板破坏区域主要在工作面与底空巷重叠的区域,尤其是空巷交叉口有破坏迹象。当空巷采取木垛支护后,与未采取支护措施相比,底板破坏区域有所减少。

当工作面推进至 4# 空巷时,沿工作面倾向的底板破坏情况、垂直位移和垂直应力情况如图 3-4-9、图 3-4-10、图 3-4-11 所示。

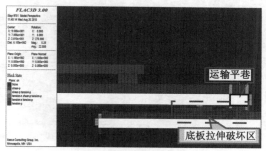

(a) 空巷未支护

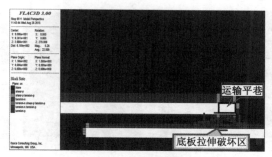

(b) 空巷木垛支护

图 3-4-9　工作面推进至 4# 空巷时底板破坏倾向剖面图

(a) 空巷未支护;(b) 空巷木垛支护

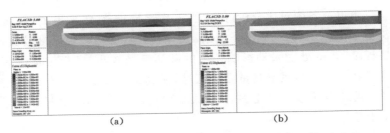

(a)　　　　　　　　　　　　　　(b)

图 3-4-10　工作面推进至 4# 空巷时空巷顶板位移剖面图

(a) 空巷未支护；(b) 空巷木垛支护

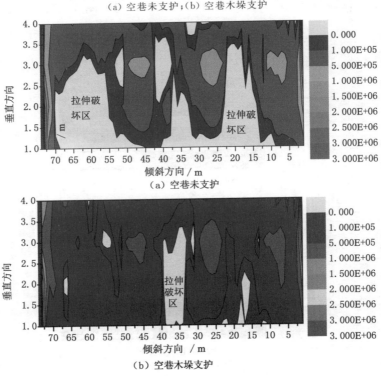

图 3-4-11　工作面推进至 4# 空巷时底板垂直应力分布图

(a) 空巷未支护；(b) 空巷木垛支护

由以上各图分析可见,在空巷未采取支护措施时,整个空巷长度内的顶板几乎均发生了贯通性拉伸破坏,工作面过空巷时底板发生坍塌的可能性较大。从底板位移情况看,靠近机头的 15～25 m 范围位移量偏大;从底板垂直应力分布看,多处区域尤其是底空巷的顶板出现了较大范围的拉应力,位移量偏大的区域两侧出现了拉应力上下连通的情况,若不采取措施,较大范围内将会出现明显的下沉甚至冒落。在空巷采取木垛支护后,底板的破坏范围和位移量有显著减小,应力分布情况较未采取措施有了明显的改善,拉应力连通区明显减少。

由于 4# 空巷与工作面重叠长度较大,在采取支护的情况下,底板破坏范围仍然较大,无法阻止底板的破坏,但采取打木垛的措施,可以改善底板的受力状况,可控制底板破坏形式由可能的冒落式向缓慢下沉转变,防止贯通性破坏的发生,保证工作面能够顺利推过。

3.5　本章小结

(1) 18201 工作面回采造成的底板破坏深度可达 0.75～11 m,其中 0.75 m 范围内底板岩层发生断裂性质破坏,0.75～11 m 范围内底板岩层发生塑性破坏,强度降低但能够保持相对完整。在探明空巷范围内,8 上煤层与 8 下煤层的层间距的范围为 1.6～3.1 m,且在空巷的上方还留有约 1.5 m 厚的顶煤,空巷顶板将受到上部 18201 工作面回采的动压影响,并发生断裂性或塑性破坏,但是断裂没有贯穿整个岩层,因此在工作面通过前,所有空巷顶板均能保持完整性。

(2) 在工作面过空巷过程中,要求空巷区域内支架循环末阻力尽可能不超过 6 365 kN(31 MPa),并在此过程中对该区域内支架立柱压力实时监测。根据支架循环末阻力与初撑力的线性正相关关系,过空巷时该区域内的支架初撑力要求达到 $10 \sim 15$ MPa,能够护住顶板即可,不宜过高,与此同时将 $1^{\#}$ 至 $40^{\#}$ 支架的安全阀开启值调整为 30 MPa。但为保证顶板在空巷期间不会快速下沉,空巷区域以外的支架初撑力要不低于额定初撑力的 80%,即 25 MPa,且在过空巷之前和过空巷之后所有支架均要能够保证初撑力。考虑一定的安全系数,模拟当中取木垛的支护强度为 0.25 MPa。

（3）在空巷未采取支护措施时,从底板位移情况看,靠近机头的 $15 \sim 25$ m 范围位移量偏大;从底板垂直应力分布看,多处区域尤其是底空巷的顶板出现了较大范围的拉应力,位移量偏大的区域两侧出现了拉应力上下连通的情况,若不采取措施,较大范围内将会出现明显的下沉甚至冒落。在空巷采取木垛支护后,底板的破坏范围和位移量有显著减小,应力分布情况较未采取措施有了明显的改善,拉应力连通区明显减少,可以改善底板的受力状况,可控制底板破坏形式由可能的冒落式向缓慢下沉转变,防止贯通性破坏发生,保证工作面能够顺利推过。

4　极近距离上覆煤柱高应力集中区解危技术研究

4.1　极近距离上覆不规则煤柱解危方法

4.1.1　上覆不规则煤柱解危基本方法

从大同矿区的开采实践看,11 号煤层上覆细砂岩抗压强度可达 156.5 MPa,抗拉强度可达 19 MPa;忻州窑矿 11 号煤层顶板细砂岩抗压强度 120.4 MPa,抗拉强度 9.72 MPa。根据大同矿区的开采实践,11 号煤层顶板初次来压步距 35~50 m,周期来压步距 10~30 m,动载系数 1.48~1.82。大路坡煤矿 11^{-2} 号煤层上覆 20.5 m 细砂岩(其基本参数参照忻州窑矿 11 号顶板细砂岩的),属于典型的坚硬顶板。对于 11^{-3} 号煤层的开采而言,其受到上覆煤柱和煤柱上覆坚硬顶板的双重影响。

坚硬顶板强度高,节理、裂隙不发育,具有整体性好和自稳能力强等特点,在开采过程中容易形成大面积悬顶。因此,必须对坚硬顶板进行处理。经过多年的研究和实践,发展了以下几种主要技术措施。

4.1.1.1　注水或水压致裂技术

煤岩体水力致裂弱化技术的原理是:利用钻孔水压力的作用,改变孔边煤岩体的应力状态(造成孔边起裂和裂缝扩展),进而利用裂隙水压力,控制水压裂缝的扩展,弱化煤岩体的整体力学特性;同时改变煤岩体的渗透性能,使煤岩体充分细水湿润,进一步软化煤岩体。水力致裂技术的原理和方法不同于传统的煤层注水方法的。从软化效果和安全角度考虑,水力致裂技术具有明显的优势。通过水力裂缝弱化岩体的整体强度,可以降低顶板整体强度,使顶板能够及时垮落,减小顶板的冲击矿压危险,达到弱化煤岩体强度及减冲的目的等。

(1)顶板高压注水

顶板高压注水是从工作面平巷或专用巷道向顶板打深孔,进行高压注水。利用高压水对顶板进行压裂。其作用是增加和扩展顶板原始裂隙。高压水在岩体中形成压力坡降,使水更好地在岩体中透过裂隙、节理、层理及其他弱面而渗流,从而在岩体中产生水力的、机械的、物理和化学的作用。高压注水的压力变化,可引起岩体内应力的重新分布,也可使岩体产生塑化作用。

(2)顶板静压注水

顶板静压注水提高使顶板含水率,降低顶板的强度,缩小顶板垮落距离,以避免顶板来压过于强烈。该方法应用的前提必须是顶板岩石吸水性强,且吸水后顶板岩石强度明显降低,否则该方法不能应用。

4.1.1.2　爆破弱化坚硬顶板方法

采用爆破的方法人为将顶板切断,使一定厚度的顶板冒落形成矸石垫层。切断顶板可以减小顶板冒落面积,减弱顶板冒落时产生的冲击力;形成的矸石垫层则可以缓和顶板冒落时产生的冲击波及风暴。目前强制放顶的方法有以下几种。

(1)循环式浅孔放顶

循环式浅孔放顶主要原理是:爆破后破坏了顶板的完整性,形成矸石垫层,以缓和顶板冒落时产生的冲击。其具体做法是:每1~2个循环,在工作面切顶线处打一定深度的浅孔,装药进行爆破。

（2）步距式深孔爆破

步距式深孔爆破主要原理是：切断顶板，以避免顶板大面积冒落。其具体做法是：在顶板周期来压前，沿工作面向顶板偏向采空区方向打 2～3 排深孔，装药爆破，爆破后在顶板内形成一道一定高度的沟槽，使坚硬顶板沿这条沟槽折断。

（3）超前深孔松动爆破

超前深孔松动爆破主要原理是：切断坚硬顶板，以减小顶板冒落面积。其具体做法是：在上、下平巷或特殊巷道（工艺巷）向顶板打深孔，在工作面前方一定距离进行爆破，预先破坏顶板的完整性。

（4）地面深孔放顶

地面深孔放顶的主要原理是：从地面打钻孔爆破，在采空区后方切断坚硬顶板，以避免顶板大面积冒落。其具体做法是：在采空区上方的地面打垂直钻孔，打到已采区顶板的适当位置，然后装药进行爆破，将大面积悬露的顶板崩落。

在决定对顶板岩层采用注水弱化前，要对顶板岩层进行浸水试验。只有对顶板岩石浸水后，强度明显降低的岩体才能采用注水的方式进行弱化。高压注水压裂与注水软化周期长，而利用爆破进行强制放顶效果直接，可靠性高。因此顶板处理方法首选爆破强制放顶。

莒山矿刀柱下开采的实践表明，煤柱较大时，尽管煤柱表面部分会破坏甚至片落，然而其内核部分会保持完好，并将顶板压力传递给下位煤体及底板岩层，形成支承压力集中区。对大路坡 11^{-2} 号煤层煤柱的分析表明，当采高 3 m、煤柱 6 m 时，煤柱的完整性保持较好，集中支承压力对下分层遗留煤体回收工作面的矿压显现影响明显。

在莒山矿开采过程中，突破了对顶板进行爆破以减弱矿压显现剧烈程度的传统思维，提出了降低上分层刀柱的完整性从而减弱下分层工作面矿压显现的技术途径。在回采过程中,为防止工作面(上层煤柱区域)出现应力集中区对复采工作产生不良影响,采取了超前预爆破法对上分层煤柱及顶板进行人为破坏:在两平巷斜向上钻眼,垂直钻眼深度不小于 12 m,水平深度不小于 15 m,每眼装药量不小于 15 kg。在工作面必须对大于 7 m 的煤柱进行强制放顶,放顶超前工作面 5 m 进行。

大路坡煤矿 11^{-2} 煤层残留煤柱与莒山矿明显不同。其煤柱相对小、多且相对分散,无法在下部煤层工作面平巷对上部煤柱进行准确施工爆破,因此只能采取进入 11^{-2} 号煤层进行处理,同时受到煤柱尺寸较小和裂隙较发育的影响,只能采取爆破处理煤柱以降低煤柱应力集中对下部煤层工作面的影响。

综合上述分析,大路坡煤矿对 11^{-2} 号煤层煤柱区采取同层进入处理,降低煤柱完整性为主要方向,以减弱下部煤层开采矿压显现,同时对上覆煤柱区的坚硬顶板进行处理以降低大面积来压的危险。

4.1.2 上覆不规则煤柱区处置原则

根据大路坡煤矿 11^{-2} 号煤层的开采概况,巷道宽度为 5 m,煤柱为 $(4\sim6)$ m×15 m,采高为 3 m。一般认为,在如此小的跨度和很大的煤柱支撑的围岩体系中,围岩顶板一般不会垮落,或垮落不充分;煤柱一般不会被压垮,基本顶保持相对完好。

煤柱会产生应力集中。在煤柱边缘 1 m 左右范围内,会出现压裂破碎。煤柱中的瓦斯经过几年时间的渗流会迁移到采空区,虽然之前的测定表明,11 号煤层为低瓦斯煤层,但是仍然可能会造成采空区瓦斯积聚,瓦斯浓度相对较高。而残留煤柱的瓦斯含量较低。

残留煤柱采空区积水可能有以下来源。① 大气降水。大气降水通过不同成因的基岩裂隙及松散堆积物孔隙在裂隙沟通的情况下进入采空区,成为采空区充水的间接但重要的补充来源。

② 采空区积水涌入。周边其他煤矿的大面积采空区及古空区,可能存有老窑水。在残留煤柱区顶板岩石冒落导水裂隙带,或地质构造等不同沟通渠道的作用下,老窑水可对残留煤柱区产生不同程度的充水。③ 顶板含水层水渗入。在残留煤柱区顶板垮落带、断裂带影响高度范围内,各含水层的水缓慢流入采掘空间,成为残留煤柱区充水的重要来源。

根据上述分析,上覆不规则煤柱处理最关键的是:① 采空区积气的处理;② 采空区积水的处理。为有效解决以上问题,上覆不规则煤柱处置应采取的基本原则如下。

① 确保残留煤柱区物理勘探先行。基本查明采空区和实体煤的分布情况,以及采空区积水、积气的情况。

② 分区处置。因为采空区条件相对复杂,所以必须先对采空区进行合理划分和封闭,然后实行分区处理。只有这样,相邻采空区的积水、积气才不会对现处理区域造成影响。

③ 合理排除分区内积水、积气。针对确定封闭的分区,施工相应钻孔,用负压排水与排气,同步检测分区内气体组分和水压,其达到安全指标后,方可进行施工处理。

4.2　上覆煤柱解危尺度数值模拟研究

为进一步确定煤柱处理的目标尺寸,采用数值模拟方法,分析了上覆煤柱不同尺寸下的弹性能分布情况,以降低上覆煤柱应力集中对下部工作面的回采影响。

由广义虎克定律可知,弹性能是对各个方向应力的综合反映。通过将广义虎克定律写入到 FLAC^{3D} 中,分析不同尺寸煤柱的弹性能分布特征。在底层命令中定义弹性能为 Zextra 1。

根据广义虎克定理,在三向受力状态下的煤体弹性能 W 计算公式为:

$$W = \frac{\sigma_1^2 + \sigma_2^2 + \sigma_3^2 - 2\mu(\sigma_1\sigma_2 + \sigma_1\sigma_3 + \sigma_3\sigma_2)}{2E}$$

式中，E 为弹性模量，μ 为泊松比，σ_1、σ_2、σ_3 分别某位置的 3 个主应力。

数值模拟分析了煤柱宽度 2 m、4 m、6 m、8 m、10 m、12 m、14 m、16 m、18 m、20 m，割煤高度 3 m 时，不同尺寸煤柱的弹性能分布。其结果如图 4-2-1 所示。在图 4-2-1 中同时给出了煤柱垂直方向应力分布做对比。

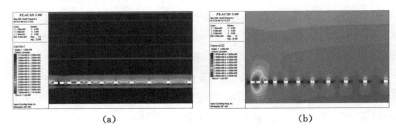

$$(a) \qquad\qquad\qquad\qquad (b)$$

图 4-2-1　采高 3 m 不同煤柱尺寸弹性能及垂直应力分布云图
(a) 煤柱弹性能分布图；(b) 煤柱垂直应力分布图

分析可见，在采高 3 m 时，煤柱尺寸 2 m 时，煤柱内弹性能处于明显降低的范围；煤柱尺寸增大至 4 m 时，煤柱内弹性能开始增大；煤柱尺寸至 6 m 时达到最大；之后，随着煤柱尺寸的增大，煤柱内弹性能除靠近空巷位置处较高外，在煤柱中间位置降低。从垂直应力分布看，2 m 煤柱已经处于明显应力降低区；6 m 煤柱应力集中程度最高；随着煤柱尺寸的增大，煤柱应力集中呈双峰状，煤柱应力集中区对底板的影响增大。

割煤高度 6 m 时不同尺寸煤柱的弹性能分布如图 4-2-2 所示。

分析可见，在采高 6 m 时，在煤柱尺寸 2 m、4 m 时，煤柱内弹性能处于明显降低的范围；在煤柱尺寸 6 m 时煤柱内弹性能增

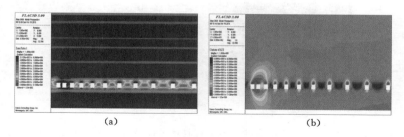

(a) (b)

图 4-2-2 采高 6 m 不同煤柱尺寸弹性能及垂直应力分布云图

(a) 煤柱弹性能分布图；(b) 煤柱垂直应力分布图

大；在煤柱尺寸 8 m 时煤柱弹性能最大；之后，随着煤柱尺寸的增大，煤柱内弹性能除靠近空巷位置处较低外，在煤柱中间位置较高。从垂直应力分布看，2 m、4 m 煤柱已经处于明显应力降低区；8 m 煤柱应力集中程度最高；随着煤柱尺寸的增大，煤柱应力集中以单峰状态为主，煤柱应力集中区对底板的影响增大。

考虑到进入 11^{-2} 号煤层治理需要掘进必要的巷道以保证安全施工空间，在考虑煤柱处理的最小尺寸时，采用 3 m 采高，对 4 m 煤柱、3 m 煤柱、2 m 煤柱在采空宽度 5 m 情况下的煤柱弹性能分布进行模拟。其结果如图 4-2-3、图 4-2-4、图 4-2-5 所示。

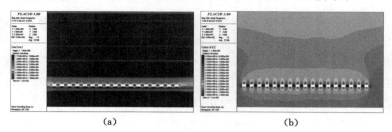

(a) (b)

图 4-2-3 采高 3 m 煤柱 4 m 时煤柱弹性能及垂直应力分布云图

(a) 煤柱弹性能分布图；(b) 煤柱垂直应力分布图

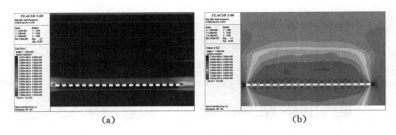

(a)　　　　　　　　　　　　　　(b)

图 4-2-4　采高 3 m 煤柱 3 m 时煤柱弹性能及垂直应力分布云图
(a) 煤柱弹性能分布图；(b) 煤柱垂直应力分布图

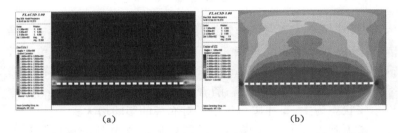

(a)　　　　　　　　　　　　　　(b)

图 4-2-5　采高 3 m 煤柱 2 m 时煤柱弹性能及垂直应力分布云图
(a) 煤柱弹性能分布图；(b) 煤柱垂直应力分布图

　　分析图 4-2-3 至图 4-2-5 可见，采高 3 m 的情况下，在煤柱尺寸 4 m 时，煤柱中的应力集中比较明显；在煤柱尺寸 3 m 时，煤柱已经处于明显的卸压区；在煤柱尺寸 2 m 时，煤柱卸压更加明显。从弹性能分布看，在煤柱尺寸 4 m 时，煤柱内弹性能积聚明显；煤柱尺寸降低至 3 m 后，煤柱内弹性能水平迅速降低；在煤柱尺寸 2 m 时，煤柱内弹性能降低至更低的水平。

　　综上分析，认为 4 m 煤柱仍然具有一定的支撑能力；煤柱处理至 2～3 m 宽度时，煤柱内应力集中降低，能够在矿压作用下被较快压酥而失去承载能力。因此，上覆煤柱处理尺寸目标定为不大于 3 m。

4.3 上覆煤柱区解危治理范围分析

上覆煤柱区域治理时应充分考虑对下部煤层开采工作面的解放，即优先处理下部即将回采的工作面，以利于下部煤层工作面开采的接续。

根据上部治理区域与下部回采工作面巷道布置的相关关系，下部煤层工作面可与上部煤层在空区形成 4 种布置关系，如图 4-3-1所示。

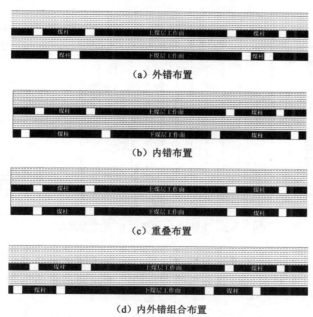

（a）外错布置

（b）内错布置

（c）重叠布置

（d）内外错组合布置

图 4-3-1　下煤层工作面与上部煤层工作面布置关系图
（a）外错布置；（b）内错布置；（c）重叠布置；（d）内外错组合布置

根据设计,矿井首采工作面是 11^{-3} 号煤层的 81101 综采工作面。该工作面长度 140 m,推进长度约 600 m。

根据前述近距离下部工作面回采实践,下部煤层工作面多采用内错布置,即两条平巷巷道均布置在采空区下,如图 4-3-1(b)所示。由于下部采煤工作面已经准备就绪,由此进行反分析得到,上覆煤柱区一次性治理宽度应大于等于 140 m。按照房柱式采空区的回采尺寸,每组三条巷道总宽为 25 m,取 6 组三条巷道的宽度为 150 m,即上覆煤柱区一次性治理宽度至少为 150 m。

上覆房柱式采空区治理方案如图 4-3-2 所示。

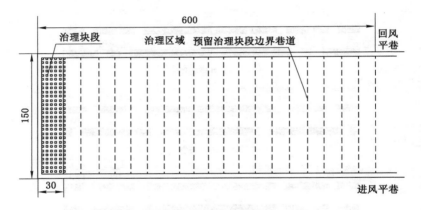

图 4-3-2　上覆房柱式采空区治理方案图

整个涉及的区域称为治理区域。治理区域由平巷巷道进行圈定。每次处理的区域划分为治理块段。中间预留多条治理块段边界巷道。

在治理区域掘进或在原巷道基础上维护出两条平巷巷道。在掘进期间,遇到分叉巷道进行密闭隔离采空区。两平巷每隔 30 m 掘进或在原巷道基础上维护出一条治理块段边界巷道。巷道周边分叉巷道进行密闭处理,完成下一条治理块段边界巷道后,对前一巷道进行密闭。直至治理区域的长度达到 600 m 要求。然后对治理区域的煤柱进行后退式掘进切割作业,待治理区域宽度满足 30 m 后,在预留治理块度边界巷道进行打眼爆破,对上覆坚硬顶板进行切顶。这样逐步对整个治理区域的煤柱应力集中进行解除,为下部煤层工作面安全回采提供保障。

4.4 深孔爆破处理参数分析

4.4.1 处理高度与步距分析

根据大路坡煤矿综合柱状图和实际揭露 11^{-2} 号煤层的情况,11^{-2} 号煤层治理区域设计巷道高度为 3 m。为保证冒落顶板能完全充填采空区,爆破的有效放顶深度 H 至少为:

$$H = M/(K_p - 1)$$

式中 M——采高,取 3 m;

K_p——岩石破碎后的体积膨胀系数,取 1.2。

计算得:

$$H = 3/(1.2 - 1)m = 15 \ m$$

初步确定顶板岩层处理范围为沿巷道顶板至上方 15 m 的垂直高度。

煤层巷道按 3 m 高度考虑。煤层主要参数为:上顶煤 3 m、泥岩 2.9 m、11^{-1} 号煤 0.5 m、泥岩 1.5 m、细砂岩 20.5 m。煤层柱状简图如图 4-4-1 所示。

根据前述分析,按 15 m 处理高度考虑,只能进入细砂岩 7.1 m,尚有 13 m 左右细砂岩不能处理,且 13 m 厚细砂岩仍然不易垮落。因此提高处理高度至深入细砂岩 15 m 左右,其为 23.4 m。

根据前述 3 m 采高、4 m 煤柱时下部煤层工作面的回采分析,下部煤层工作面推进至 40 m 后,顶板破坏向上发展至 20.5 m 厚细砂岩时会发生一次较大来压。根据大同地区的开采实践,11 号

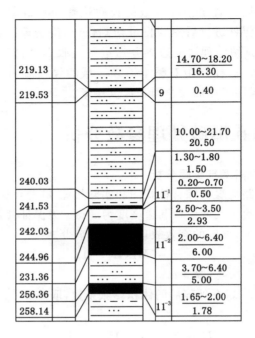

图 4-4-1　煤层柱状简图

煤层顶板初次来压步距 35～50 m，周期来压步距 10～30 m，由此确定处理采区步距按 30 m 考虑（与前述治理块段宽度一致）。

4.4.2　深孔爆破方案

爆破均在治理块段边界巷道进行。炮眼布置如图 4-4-2 所示。

每处施工 3 个炮孔，分别为 1 号、2 号、3 号炮孔。其中 1 号炮孔仰角 80°，孔深 23.76 m，控制顶板高度 23.4 m，落点位于 20.5 m 厚细砂岩顶板上界面下方 5 m 左右。2 号炮孔仰角 60°，孔深 17.32 m，控制顶板高度 15 m，落点进入细砂岩顶板 7.1 m。3 号

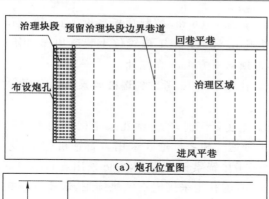

（a）炮孔位置图

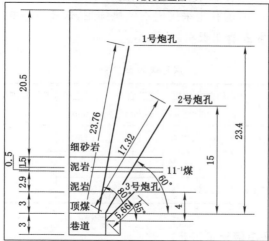

（b）剖面图

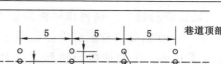

（c）平面图

图 4-4-2 爆破方案图

炮孔仰角 45°,孔深 5.66 m,控制顶板高度 4 m,落点位于顶煤上边界。1 号炮孔、2 号炮孔施工位置位于巷道顶部,相距 1 m;3 号炮孔位于巷道顶部下方 1 m 煤柱处。

按一排炮孔考虑施工,考虑到爆破效果,每处炮孔的水平间距定为 5 m。

考虑到施工实际情况,3 个钻孔采用相同的直径可以统一炸药型号等。1 号炮孔和 2 号炮孔采用岩石钻机施工,炮孔直径 94 mm。3 号孔可采用锚索钻机施工,也可采用岩石钻机。考虑到统一炸药型号,3 号炮孔也采用岩石钻机施工,炮孔直径 94 mm。

深孔爆破参数如表 4-4-1 所示。

表 4-4-1　　　　　　　　深孔爆破参数表

编号	位置	仰角 /(°)	深度 /m	炮孔直径 /mm	药卷直径 /mm	装药长度 /mm	封孔长度 /m
1 号	距巷顶边 1 m	80	23.76	94	75	18	5
2 号	巷顶边 0 m	60	17.32	94	75	12	5
3 号	距巷顶 1 m	45	5.66	94	75	3	2

4.4.3　深孔爆破施工工艺

（1）打孔

采用架柱式钻机进行打孔。这种该钻机的显著特点就是整机质量轻、操作简单。这种钻机自身配有支撑和固定导轨的支柱,采用顶天立地的顶紧方式。这种钻机导轨和立柱之间采用了 360°可调的连接盘,保证了钻机打孔角度的 360°可调。架柱式钻机如图 4-4-3 所示。

采用直径 94 mm 的钻头进行打孔;当打到位置时停止打孔,并空钻 5 min,利用高压水将孔内的岩屑排净。

图 4-4-3　架柱式钻机

（2）装药

为了防止深孔爆破过程中"管道效应"的产生,炮孔中应加装导爆索。装药采用 PVC 管托装方式,即先将炸药、导爆索放入直径 75 mm 的 PVC 管内,然后将 PVC 管塞入炮孔里。深孔爆破装药结构如图 4-4-4所示。

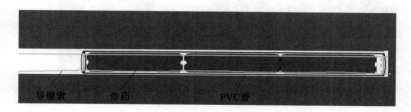

导爆索　　　炸药　　　　　　　PVC管

图 4-4-4　深孔爆破炸药安装结构

（3）封孔

在装完药后,采用风压封孔器进行封孔。封孔时为了防止高压风管对导爆索造成的磨损与绞缠,将导爆索悬挂至孔壁上侧,并固定好。封孔材料采用较潮湿的黄土。黄土在使用前为干燥的黄土颗粒体。下井前需要筛选黄土,使黄土颗粒度小于 2 mm。在井下喷水黄土后由工人手工搅拌黄土至潮湿,如图 4-4-5 所示。潮湿的黄土不能太干,也不能太湿。黄土干了黏聚力小,散体状黄土无法封孔,黄土太湿了容易卡堵压入管路。搅拌好的黄土用手能够捏成团为宜。

封泥时采用风压封孔器,如图 4-4-6 所示。工人先拿着风压管子试一下风(一定要双手握紧),看是否管路通畅;然后将风压管一端连接封孔器,另一端插到孔底,并撤出来 50 cm 左右。孔口处操作的工人用编织袋捆住孔口(防止高压风吹出来颗粒伤人)。工人眼睛不要看孔口。打开风压封孔器,将黄土装入风压封孔器内,每次送入黄土 2 kg 左右。一个工人关闭风压器,另一个工人打开操纵阀。黄土被高压风吹入孔底。工人将风管向外拖拽 50 cm 左右,进行下一个循环的封孔,直至按要求封完。

图 4-4-5　筛选好的黄土照片　　　　图 4-4-6　风压封孔器

(4)起爆

炮孔起爆采用"局部并联、整体串联"的方式进行。每个炮孔中装入 2 个雷管。孔内雷管采用并联的方式连接,孔与孔之间采用串联的方式进行。炸药起爆时每次起爆的炮孔数量不超过 2 个。一个炮孔中两发雷管的连接方式如图 4-4-7 所示。

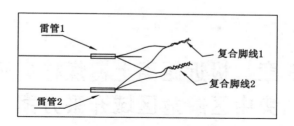

图 4-4-7　一个炮孔中两发雷管的连接方式

4.5　本 章 小 结

（1）通过分析上覆煤柱及其顶板条件，分析了适用的水力压裂技术和深孔爆破技术，认为深孔爆破技术适宜大路坡煤矿现场解危；分析给出了上覆不规则煤柱区常见的问题及处置原则。

（2）通过数值模拟分析不同煤柱尺寸下煤柱内的弹性能情况及垂直应力分布情况，确定上覆煤柱解危尺度目标为不大于 3 m。

（3）通过对解危治理区域进行定义，确定治理区域为 150 m 宽，600 m 长。治理区域内划分成 150 m×30 m 的治理块段。每 30 m 进行切顶爆破处理顶板。

（4）通过理论分析确定顶板处理高度不低于 15 m。结合具体实际情况，将顶板处理高度提高至 23.4 m；处理来压步距为 30 m。

第5章 极近距离上覆煤柱高应力集中区解危区域开采方案

5.1 矿井建设及解危区域现状

矿井主水平设在 14 号煤层,水平标高为 $+1\,495$ m。11^{-3} 号、12 号煤层设辅助水平开采。11^{-3} 号煤层(辅助水平)轨道大巷、回风大巷、集中运输巷已经与盘区轨道大巷(3.0 m$\times 2.7$ m)、盘区回风大巷(3.6 m$\times 2.5$ m)、盘区胶带大巷(3.0 m$\times 2.0$ m)贯通。首采工作面运输平巷和回风平巷自开口位置掘进了 185 m、150 m。运输平巷及回风平巷均为矩形断面;其断面参数分别为 4.2 m(宽)$\times 3.0$ m(高)、3.0 m(宽)$\times 3.4$ m(高)。大路坡煤矿 11^{-3} 号煤层已形成的井巷工程如图 5-1-1 所示。

大路坡煤矿虽处于基建阶段,但矿井建设接近尾声,井上下生产系统基本形成,为实施集中应力解危技术创造了有利条件。

矿井首采煤层为 11^{-3} 号煤层,首采工作面位于 11^{-3} 号煤层一盘区西部。首采工作面长度为 140 m,推进长度为 523 m,采高为 1.78 m。设计采煤方法为长壁一次采全高采煤方法。工作面顶板管理方式为全部垮落法。

在首采工作面上覆不规则煤柱集中应力灾害没有消除前,矿井不具备生产条件。因此,解危区域应优先选择首采工作面所在区域。

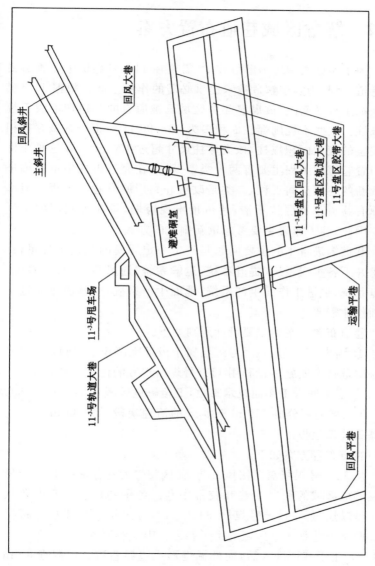

图5-1-1　11⁻³号煤层采掘工程布置图

5.2 解危区域巷道布置方案

为了实施集中应力解危技术,需要在 11^{-2} 号煤层中布置必要的巷道工程,为实现解危技术提供必需的作业空间。根据 11^{-2} 煤层采掘工程平面图,该煤层部分区域已被原有的巷道切割成不规则煤柱。这些不规则煤柱面积多为 $60\sim90\ m^2$。部分区域存在相对完整的较大面积煤柱,该类煤柱尺寸超过 $400\ m^2$。在这种条件下布置巷道的工程主要有两大类:一类是在完整煤柱中重新掘进形成新的巷道空间工程,二类是改造并利用原有巷道工程。但部分原有巷道布置层位不清,巷道顶出现垮塌,重新被利用的难度大。因此,巷道布置主要考虑重新掘进的方式。

巷道掘进带来的主要问题是产生一定规模的掘进工程量,并要求井下各生产系统(提升系统、运输系统、通风系统、排水系统、供电系统、掘进工作面生产系统、地面生产系统)能够满足掘进工作面作业需要。

巷道布置方案的主要设计原则如下。

① 因为 11^{-2} 号、11^{-3} 号煤层属于极近距离煤层,所以 11^{-2} 号煤层解危技术实施尽量利用 11^{-3} 号煤层现有的盘区生产系统。

② 依据回采工作面技术参数,上覆解危区域宽 170 m,长 600 m。在区域内划分成 150 m×30 m 的治理块段。每 30 m 进行切顶爆破处理顶板。

巷道布置方案如下。

从 11^{-3} 号煤层盘区回风大巷、盘区胶带大巷分别掘进 11^{-2} 号煤层解危区域的回风中巷和胶带中巷。各中巷以 6°~8°仰角从 11^{-3} 号煤层进入 11^{-2} 号煤层,进入 11^{-2} 号煤层后沿煤层底板掘进。两条中巷是解危区域的主干巷道。中巷巷道规格为 5.0 m×3.3 m。主干巷道进入后,向外掘进形成边界巷道。每掘进 30 m

形成联络巷(治理块段边界巷道),对煤柱进行切割爆破。

解危区域巷道布置如图 5-2-1 所示。

图 5-2-1　解危区域巷道布置图

5.3　解危区域巷道掘进设备及工艺

巷道掘进是 11^{-2} 号煤层解危技术实施面临的主要难题之一。11^{-2} 号煤层是厚煤层。早期巷道布置层位不清,巷道平面关系错综复杂;由于开采时间长,很多早期的开采技术资料已经遗失,无法提供原有巷道和煤柱的准确位置,遗留煤柱区域巷道布置难度较大。另外,受采动压力影响及巷道弃置时间较长,原有巷道的支护可能已经失效,部分巷道已经冒落。

可以预见,在 11^{-2} 号煤层中掘进巷道将穿过煤柱区、原有老巷区和上部冒落区等特殊地段,因此在掘进工艺、支护方式方面需要开展技术可行性论证。在技术可行的前提下,还需要制定掘巷安全技术预案。

5.3.1　掘进工艺选择

11^{-2} 号煤层厚度 2.00～6.40 m,平均厚 6.00 m,结构简单。顶板为灰黑色泥岩,顶板厚度 2.50～3.50 m,平均厚 2.93 m;底板为灰色细粒砂岩,下部 11^{-3} 号煤层施工时揭露的厚度为 3.0～5.0 m。在 11^{-2} 号煤层中掘进巷道,巷道将穿过煤柱应力集中区、顶板冒落区等特殊地段。由于巷道高度的要求,巷道将不可避免地揭露上部冒落的松散体,这增加了煤岩体开挖及巷道支护的技术难度。

煤巷掘进工艺基本都采用综掘机或连续采煤机开挖、胶带输送机运输。这样既保证了掘进速度,又避免了爆破引发的一系列安全隐患。当采用爆破掘进时,爆破震动极易引起上部冒落区松散体的垮落,加剧巷道顶板的冒落,增大掘进工作面围岩控制难度。另外,为保证下部 11^{-3} 号煤层尽快投入生产,需要尽可能加快上覆解危进度。因此,11^{-2} 号煤层巷道掘进主要考虑综合机械化掘进作业方式(即综掘机掘进工艺或连续采煤机掘进工艺)。

如果采用综掘机在 11^{-2} 号煤层进行掘进作业,就可考虑利用大路坡煤矿已有的掘进设备。大路坡煤矿掘进设备配备有 EBZ100E 型掘进机、SZB730/40 型桥式转载机、DSJ800/90 型可伸缩胶带机、FBD6.0/2×18.5 型局部通风机、SCF-7 型湿式除尘器、MQT-90 型单体锚杆机、MAZ-200 型探水钻等。综掘机作业工作面设备配备如表 5-3-1 所示。

表 5-3-1　　　　　　　综掘机作业工作面设备配备

序号	设备名称	参考型号	单位	数量
1	综掘机	EBZ100E(163 kW)	台	1
2	可伸缩带式输送机	DSJ800/90	台	1
3	桥式转载机	SZB730/40	台	1
4	单体锚杆机	MQT-90	台	2
5	局部通风机	FBD6.0/2×18.5	台	1
6	湿式除尘风机	SCF-7	台	1
7	小水泵	KWQB32-45/3-7.5	台	2
8	喷雾泵站	XPB125/5.5	台	1
9	探水钻机	MAZ-200	台	1

综掘机掘进是目前较成熟的掘进工艺。但与连续采煤机机组掘进相比,综掘机掘进效率和施工安全性较低。连续采煤机是一种集截割、装载、转运、行走、降尘于一体的综合机组,尤其适用于厚煤层巷道掘进。连续单煤机主要特点是截割效率高、截齿损耗小、机器稳定性好、操作方便、可靠性高等,既可采用运煤车或梭车进行间断式运输,又可以配套连续运输系统实现连续运输。

综上所述,解危区域巷道掘进工艺采用连续采煤机机组掘进。

5.3.2　掘进设备配备

根据 11^{-2} 号煤层条件,设计选用 EML340 型连续采煤机如图 5-3-1所示。该机型生产能力为 15~27 t/min,可切割煤岩单向抗压强度不大于 40 MPa,可采高度 2 650～4 600 mm,滚筒宽 3 300 mm。EML340 型连续采煤机主要参数如表 5-3-2 所示。

图 5-3-1　EML340 型连续采煤机

表 5-3-2　　　　　　EML340 型连续采煤机主要参数

型号	EML340
外形尺寸/m	11.3×3.3×2.05
切割高度/m	2.6～4.65
巷道宽度/m	4.5～6.0
生产能力/(t/min)	15～27
行走速度/(m/min)	0～18
机重/t	62
工作电压/V	1140
总功率/kW	597
截割功率/kW	340
最小地隙/mm	305
最大倾角/(°)	±17
接地比压/MPa	0.19

连续采煤机后配套包括半连续运输系统和连续运输系统。采用连续运输工艺系统运输,可实现从受料、破碎、转载至带式输送机的煤炭连续运输,但对巷道布置断面要求较多,联络巷要有一定角度,否则抹角太大,顶板悬空大,对安全不利。与连续运输工艺

系统相比,半连续运输工艺系统设备中用梭车与给料破碎机代替了连续运输系统,梭车往返于连续采煤机和给料破碎机之间,将连续采煤机采出的煤运至给料破碎机,再由给料破碎机转至带式输送机。该运输工艺系统运输采用梭车进行间断运输,运行更加灵活,对巷道布置适应性强。

设计推荐掘进采用半连续运输式,掘进配套设备为连续采煤机 1 台,梭车 2 台,给料破碎机、铲车和四臂锚杆钻车各 1 台,履带行走式液压支架 4 台。

连续采煤机掘进工作面设备配备如表 5-3-3 所示。

表 5-3-3　　　　　连续采煤机掘进工作面设备配备

工序	设备名称	型号	主要参数
割煤	连续采煤机	EML340	外形尺寸 11 310 mm×3 300 mm×2 050 mm;生产能力 15～27 t/min;总功率 597 kW;采高 2 600～4 650 mm;截割宽度 3.3 m;倾角适用范围±17°
运煤	梭车	10SC32	外形尺寸 8 890 mm×3 050 mm×1 310 mm;最大载重 13.6 t;卸载时间 28 s
支护	四臂锚杆机	4E00-2250WT	外形尺寸 7 150 mm×3 048 mm×1 575 mm;支护高度 2.0～4.887 m;最大爬移坡度 12°
清煤	铲车	UN488	外形尺寸 8 356 mm×2 794 mm×927 mm;最大载重 10 t;动力来源蓄电池 128 V
破碎转运	破碎机	GP460-150	外形尺寸 9 144 mm×3 632 mm×965 mm;给料斗容积 6.51 m³;卸载速度 340 m³/h
临时支撑	行走支架	XZ7000/25.5/50	支撑高度 2 550～5 000 mm;工作阻力 7 000 kN;支护强度:1.035 MPa;支护面积:10.5 m²

5.3.3 巷道布置方案

巷道掘进采用双巷掘进,如图 5-3-2 所示。连续采煤机掘进与锚杆钻机支护交替作业。

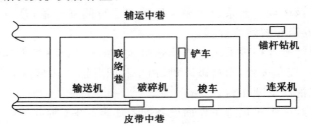

图 5-3-2 连续采煤机双巷掘进示意图

连续采煤机在运输巷掘进一个循环后,退出连续采煤机,锚杆钻机进行支护,连续采煤机倒至辅运中巷进行掘进,待连续采煤机掘完一个循环,锚杆钻机也支护完毕,连续采煤机进入已支护好的胶带中巷掘进,锚杆钻机进入刚掘进完毕的辅运中巷进行支护。此时,完成一个掘进和支护的循环作业,进入下一个循环作业。掘进过程中根据顶板稳定程度可进行 5 m 一个循环或 6 m 一个循环进行掘进。

连续采煤机双巷掘进形成胶带中巷、回风中巷后,即可布置支巷和联络巷,对解危区域的大块煤柱进行切割。切割前,各中巷之间应形成完备的通风、运输系统。大块煤柱切割后最终形成 3.0 m×3.0 m 的小块煤柱。煤柱切割后即可在各支巷或联络巷中实施本报告第 3 章中提出的切顶爆破处理。连续采煤机切割作业如图 5-3-3 所示。

5.3.4 巷道支护方案及工艺

掘进采用连续采煤机快速掘进。在快速掘进中制约掘进速度的一个重要因素为支护速度。若采用传统的单体锚杆机锚护方式则会限制连续采煤机快速掘进。因此在该工作面采用四壁锚杆钻

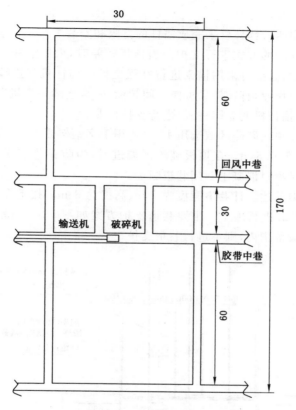

图 5-3-3　连续采煤机切割煤柱示意图

机进行快速支护,大大提高了支护速度,基本上可以与连续采煤机进行平行作业。

5.3.4.1　巷道支护方案及工艺

（1）临时支护

先把网连接起来,连好网后将锚杆机的临时支护升起,进行临时支护顶板。

（2）永久支护

采用四臂锚杆机来完成锚杆的打眼和安装工作。一般采用锚杆＋铁丝网的方式进行支护。当顶板较差时,采用锚杆＋钢筋网联合支护,必要时采用锚索进行补强支护。锚杆机与连续采煤机进行平行作业,打锚杆尽可能时间超前,一旦连续采煤机退出一条巷道时,锚杆机便立即进入,进行支护作业。

巷道顶板破碎区域选用 11 号矿用工字钢架棚支护,挂金属网护顶,棚距 0.8 m。在顶板破碎区掘进时,为防止巷道漏风,掘巷之后及时喷射混凝土封闭巷道断面。

根据前述设计巷道宽度为 5 m、高度为 3 m。按毛宽 5.2 m、毛高 3.2 m 进行施工。主要巷道支护方案如图 5-3-4 所示。对于治理块段范围内,则不进行巷帮支护。

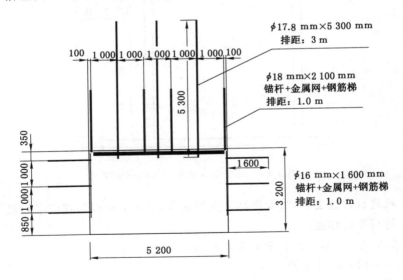

图 5-3-4　主要巷道支护方案

5.3.4.2　巷道支护工艺

（1）顶板支护

① 锚杆形式和规格：杆体为 $\phi18$ mm 左旋无纵筋 500 号螺纹钢筋，长度 2.1 m。

② 锚固方式：树脂加长锚固，采用两支锚固剂。一支锚固剂规格为 CK2340，另一支锚固剂规格为 Z2388。

③ 采用钢筋梯子代替钢带，宽 280 mm。

④ 托盘：采用拱形高强度托盘，其规格为 150 mm×150 mm×10 mm。

⑤ 锚杆角度：垂直煤壁。

⑥ 网片规格：采用金属网护顶，菱形金属网由 10 号铁丝编织而成，网孔规格为 50 mm×50 mm。

⑦ 锚杆布置：锚杆排距为 1 000 mm，每排 6 根锚杆，锚杆间距为 1 000 mm。

⑧ 锚杆预紧扭矩：达到 250 N·m 以上。

⑨ 锚索形式和规格：锚索材料为 $\phi17.8$ mm 的高强度低松弛预应力钢绞线，长度 5.3 m。树脂加长锚固，采用 1 支 CK2340 和 2 支 Z2388 树脂药卷锚固。

⑩ 锚索布置：采用每排三根布置，排距为 3 000 mm。用 400 mm×400 mm×16 mm 高强锚索托板。

⑪ 锚索张拉预紧力：200～250 kN。

（2）巷帮支护

① 锚杆形式和规格：杆体为 $\phi16$ mm 左旋无纵筋 500 号螺纹钢筋，长度 1.6 m。

② 锚固方式：树脂加长锚固，采用两支锚固剂。一支规格锚固剂为 CK2340，另一支锚固剂规格为 Z2388。

③ 采用钢筋梯子代替钢带，宽 280 mm。

④ 托板：采用拱形高强度托盘，其规格为 150 mm×150 mm×

10 mm。

⑤ 网片规格：采用菱形金属网护帮，网孔规格为 50 mm×
50 mm。

⑥ 锚杆布置：锚杆排距为 1 000 mm，每排每帮 3 根锚杆，锚
杆间距为 1 000 mm。

⑦ 锚杆角度：垂直煤壁布置。

⑧ 锚杆预紧扭矩：达到 250 N·m 以上。

破碎区域巷帮支护与正常情况下巷帮支护不同，顶板范围内
无法打锚杆，此区域内进行架棚支护采用 11# 工字钢，棚距 0.8 m。
架棚区域巷道支护方案如图 5-3-5 所示。

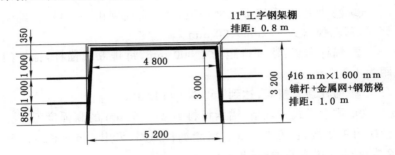

图 5-3-5　架棚区域巷道支护方案

支护工艺过程及技术要求：

① 将锚杆机调整在巷道的正中间位置。根据设计锚杆的间
排距调整好臂间距，同时临时支护好顶板，将要打锚杆的位置预先
定好，并在钻杆上标出钻进的深度。

② 在钻箱上装好钻杆，操作阀使钻头刚好顶在打眼的位置，
然后轻轻动作给进阀杆，使钻头能顶到顶板并顶个小窝。

③ 接着操作快速给进阀，使用二次加长钻杆打钻，钻眼深达
设计要求时，退出钻杆。

④ 安装锚杆，先把搅拌杆安在钻箱上，再给打好的眼孔内装

入一根树脂卷,用已上好托板和螺母的锚杆将树脂顶入锚杆眼内,将锚杆尾部套在搅拌杆上,缓慢升钻臂把锚杆同药卷送入孔底,并捅破药卷搅拌,搅拌时间不得小于 20 s,使托板紧贴顶板并停风泵,停留 40～60 s 后,移下钻箱、搅拌杆。

⑤ 支护作业顺序可概括为:定位、钻眼、装锚杆、搅拌树脂和紧固。

5.4　解危区域巷道掘进生产系统

5.4.1　运输系统

（1）掘进工程煤运输

大路坡煤矿主斜井布置一台 DTC80/20/250 型钢绳芯大倾角胶带输送机。该输送机单电机驱动,电机功率 250 kW,运量 200 t/h。11^{-3} 号煤层盘区胶带大巷布置一台 DSJ80/35/2×55 型胶带输送机,其电动机功率为 2×55 kW。从主斜井 11^{-3} 号煤层见煤点处向 11^{-3} 号煤层盘区胶带大巷布置一条长 36 m 的胶带,以胶带搭接的方式实现 11^{-3} 号层煤炭从盘区胶带大巷至主斜井胶带的转载。

考虑 11^{-2} 煤层厚度、连续采煤机瞬间落煤矸量大,主斜井胶带输送机运量仅 200 t/h。11^{-2} 煤掘进期间的工程煤矸量大,需设置缓冲煤仓。

根据 11^{-3} 号煤层第一块段采掘工程平面图,设计煤仓位置为 11^{-3} 号煤层盘区胶带大巷和主斜井平面交叉点。煤仓上口位于 11^{-3} 号煤层盘区胶带大巷,巷道底板标高＋1 521 m;煤仓下口位于 14 号煤层底板,主斜井底板标高＋1 477 m。煤仓采用圆形直煤仓。煤仓圆柱部分垂深 34 m,净直径 6.0 m。煤仓采用混凝土浇筑。煤仓有效容量 865 t。煤仓下口设给煤机装载硐室。

11^{-2} 号煤层解危技术未实施之前,井下各煤层严禁任何采掘

活动,故煤仓有效容量仅考虑连续采煤机巷道掘进的煤矸量。考虑掘进工程煤矸量 2 000 t/d,则所需煤仓有效容量为:

$$Q_{mc} = 0.25 A$$

式中　Q_{mc}——煤仓有效容量,t;

　　　A——预测日产工程煤量,2 000 t;

　　　0.25——系数。

$$Q_{mc} = 0.25 \times 2 000 = 500 \text{ (t)}$$

上述煤仓容量能满足连续采煤机掘进生产要求。

设置缓冲煤仓后的煤炭运输系统:连续采煤机后配套带式输送机→11^{-3}号煤层一盘区胶带大巷→11^{-3}号煤层至 14 号煤层煤仓→主斜井带式输送机。

(2) 辅助运输

大路坡煤矿主斜井是机轨合一井。地面提升绞车已安装完毕,井下辅助运输系统已经形成。解危区域巷道掘进的辅助运输可完全依靠 11^{-3}号煤层的辅助运输系统,通过 11^{-2}号煤层的辅运中巷联系两煤层间的辅助运输。辅助运输路线为:主斜井→11^{-3}号煤层甩车场→11^{-3}号煤层轨道大巷→11^{-3}号煤层盘区轨道大巷→11^{-2}号煤层辅运中巷→掘进工作面。

(3) 施工设备运输

11^{-2}号煤层施工时,因主斜井已布置有带式输送机,断面尺寸无法满足掘进机组的大件设备(连续采煤机)运输。回风斜井可利用净断面尺寸较大,井口至 11^{-3}号煤层的"瓶颈"部位尺寸为净宽 4.10 m,净高 3.10 m,可考虑利用风井运输最大件设备。其他尺寸的设备仍通过主斜井运输。

大件设备运输路线:回风斜井井口→11^{-3}号煤层回风大巷→11^{-3}号煤层盘区回风大巷→连续采煤机掘进工作面。

其他施工设备运输路线:主斜井井口→11^{-3}号煤层甩车场→11^{-3}号煤层轨道大巷→连续采煤机掘进工作面。

5.4.2　通风系统

（1）原设计 11^{-3} 号煤层通风系统

开采一盘区时 11^{-3} 号煤层回采工作面通风系统：新鲜风流→主斜井→ 11^{-2} 号煤层甩车场→ 11^{-2} — 11^{-3} 号煤层轨道大巷、11^{-3} 号煤层胶带大巷→ 11^{-3} 号煤层一盘区胶带大巷、轨道大巷→ 11^{-3} 号煤层运输平巷→工作面→ 11^{-3} 号煤层回风平巷→ 11^{-3} 号煤层一盘区回风大巷→ 11^{-3} 号煤层回风大巷→回风斜井→地面。

对于开采一盘区 11^{-3} 号煤层，原设计各用风地点风量分配如表 5-4-1 所示。

表 5-4-1　　　　　　　　原设计风量分配表

序号	用风地点	配风量	个数	总风量
1	综采工作面	17	1	17
2	综掘工作面	14	2	28
3	中央变电所及水泵房	4		4
4	其他巷道	12		12

矿井生产初期通风容易时期为 11^{-3} 号煤层一盘区主、回风井井底附近的工作面，通风负压为 504.1 Pa；通风困难时期为 14 号煤层一盘区靠近井田东界的工作面，通风负压为 848.3 Pa。

根据矿井所需的风量和负压，设计选用 FBCZ-6-19B 型轴流式通风机 2 台。该通风机配用 YBF315L2-6 型电机（功率 132 kW，电压 380 V，转数 980 r/min）。该通风机的风量范围为 41～65 m^3/s，负压范围为 1 424～412 Pa。

（2）掘进工作面需风量

① 按 CO_2 涌出量计算。

$$Q_{掘} = 67q_{掘} K_d = 67 \times 0.81 \times 1.8 = 97.7 \ (m^3/min)$$

式中　$Q_{掘}$——掘进工作面需风量，m^3/min；

$q_{掘}$——掘进工作面 CO_2 绝对涌出量，m^3/min，参照邻近煤层，11^{-2} 号煤层掘进工作面 CO_2 绝对涌出量：$q_{掘}=5.69\times(450\ 000\div330\div24\div60)\times0.15=0.81(m^3/min)$；

K_d——掘进工作面瓦斯涌出不均匀备用风量系数，综掘工作面取 1.8。

② 按瓦斯涌出量计算。

$$Q_{掘} = 100q_{掘}\ K_d$$

式中　$Q_{掘}$——掘进工作面需风量，m^3/min；

$q_{掘}$——掘进工作面绝对瓦斯涌出量，m^3/min，参照原左云县水窑乡大路坡村一号井煤矿瓦斯相对涌出量 1.81 m^3/t，绝对涌出量 0.52 m^3/min；

K_d——掘进面因瓦斯涌出不均匀的备用风量系数，机掘工作面取 1.8。

$$Q_{掘}=100\times0.52\times1.8=93.6\ (m^3/min)$$

③ 按局部通风机吸风量计算。

$$Q_{掘} = Q_f\times1+15S = 600\times1+15\times20 = 900\ (m^3/min)$$

式中　Q_f——掘进工作面局部通风机最大吸风量，600 m^3/min；

1——掘进面同时运转的局部通风机台数，1 台；

S——掘进工作面断面积，20 m^2。

④ 按掘进工作面同时工作的最多人数计算。

$$Q_{掘} = 4n_j = 4\times5 = 20\ (m^3/min)$$

式中　n_j——掘进工作面同时工作的最多人数；

4——每人每分钟供风标准，m^3/min。

取最大值，综掘工作面需风量为：900 m^3/min。

⑤ 按风速进行验算。

根据《煤矿安全规程》规定，按最低、最高风速 0.25 $m/s\leqslant v_{掘}\leqslant$ 4 m/s 的要求进行验算。

$$v_{掘} = \frac{Q_{掘}}{S_j} = 900/15 = 60 \text{（m/min）} = 1 \text{（m/s）}$$

式中　S_j——掘进工作面巷道过风断面,15 m²。

故有:0.25 m/s≤1 m/s≤4 m/s,验算符合要求。

因此综掘工作面需风量取:

$$Q_{掘} = 2 \times 900 \text{（m}^3\text{/min）} = 1\,800 \text{（m}^3\text{/min）}$$

（3）11⁻²号煤层掘进通风系统

11⁻²号煤层解危技术方案施工时井下无其他用风地点;11⁻²号煤层掘进工作面所需新鲜风流从 11⁻³号煤层盘区胶带大巷和盘区轨道大巷引入,通过 11⁻³号煤层盘区回风大巷实现回风。

5.4.3　排水系统

大路坡煤矿及周边 2 号、3 号、7 号、8 号煤层由于早期开采混乱,部分保安煤柱遭到破坏,使上覆各煤层采空区经过长期的日积月累,普遍存有一定积水,但由于时间久远,资料缺失,致使采空积水情况难以彻底查清。根据《煤矿防治水规定》提供的公式,结合本矿煤系地层岩性较为坚硬的实际情况,计算各煤层开采后所引起的导水裂隙带高度,可以看出本矿煤层导水裂隙带高度均大于煤层间距,故上覆各煤层采空区积水向 11 号以下煤层采空区传导性强。其他各煤层正常开采时涌水量不大。采空多年后低洼处:积存一定量的积水,因各煤层导水裂隙带高度均大于上一煤层最小间距,故而 2 号、3 号、7 号、8 号煤层采空区积水大多通过层导水裂隙带导入11 号以下煤层采空区,致使 11 号煤层有大量采空区积水。因此采空区积水是本矿 11⁻²号煤层巷道掘进时的最大隐患。如果对其处理不当,会造成矿井透水事故,对此应引起有关方面高度重视。11⁻²号煤层巷道掘进时应坚持"有掘必探"的原则。

11⁻²号煤层巷道掘进时的排水主要利用小水泵将低洼处的水排至 11⁻³号煤层,自主斜井自流入 14 号煤层井底水仓,通过中央水泵房将涌水排至地面。

　　大路坡煤矿原设计正常涌水量为 54.56 m^3/d（2.27 m^3/h），最大涌水量为 231.88 m^3/d（9.66 m^3/h）；中央水泵房布置 3 台 MD120-50×6 水泵。一台水泵工作，一台水泵备用，一台水泵检修。该泵流量为 120 m^3/h，扬程为 300 m，电动机功率为 160 kW。排水管选用外径 159 mm、内径 150 mm、壁厚 4.5 mm 的无缝钢管；每米钢管质量 17.14 kg。吸水管选用外径 219 mm、内径 207 mm、壁厚 6.0 mm 的无缝钢管，每米钢管质量 31.52 kg。沿主斜井敷设两趟管路，一趟管路工作，一趟管路备用。

　　排水路线为：11^{-2} 号煤层掘进工作面→11^{-3} 号煤层一盘区胶带大巷→11^{-3} 号煤层集中运输巷→主斜井→井底水仓→主斜井排水管路→地面井下水处理站。当掘进工作面排水由于高差不能实现自流时，可采用潜水泵将涌水排至 11^{-3} 号煤层。

5.4.4　供电系统

　　井下中央变电所设在 14 号煤层。变电所内设 BGP-630/6 型矿用隔爆高压真空配电装置 8 台，设 KBZ-500/660 型智能矿用隔爆低压真空馈电开关 3 台，设 KBZ-400/660 型智能矿用隔爆低压真空馈电开关 6 台；设 KBSG-200 型矿用干式变压器 2 台。在变电所内 6 kV、0.69 kV 母线为单母线分段，两台变压器分列运行，供井下设备生产用电。

　　11^{-2} 号煤层掘进工作面配置一台 KBSGZY-800/6/1.2 型移动变电站以供连续采煤机用电；配置一台 KBSGZY-800/6/0.69 型移动变电站供破碎机等以供负荷用电；配置一台 KBSGZY-400/6/0.69 型移动变电站供喷雾泵站等以供负荷用电。2 台 KBSGZY-100/6/0.69 型移动变电站以供掘进工作面局部通风机用电，实现掘进工作面局部通风机双电源、自动切换供电。

5.5　本 章 小 结

通过分析需解危区域现状,确定了解危区域巷道布置方案,设计了采用综合机械化掘进方案;分析了具体的掘进工艺、采用 EML340 型连续采煤机,采用双巷掘进,采用四壁锚杆钻机进行快速支护。分析了解危工作面运输系统、通风系统、排水系统、供电系统,使设计具备可操作性。

第6章 综采工作面过底板空巷技术方案

从前面数值模拟以及理论计算来看,工作面下方空巷将经受采动以及支架等设备移动、承载的双重叠加影响;在不对空巷顶板进行支护的情况下,工作面在通过 2# 和 4# 两条平行空巷时有发生底板坍塌的危险。但是对空巷进行木垛支护,可进一步加强空巷顶板的承载力,能够保证上方工作面通过时空巷顶板的整体完整性。采动影响是一个极其复杂的矿压现象。为了保证工作面安全顺利通过空巷,还需要采取如下技术措施。

6.1 加强空巷木垛支护的稳定性

空巷顶板为 2.6 m～3.1 m 厚的泥岩。根据测试结果,顶板平均硬度系数 f 为 3.5,其抗压强度较低。一旦顶板破碎断裂,空巷内木垛支护的稳定性将起到关键的支撑作用。因此必须进一步加强木垛支护的质量。

加强木垛支护质量的具体方案如下所述。

① 在单个木垛的道木之间再打木楔或者耙钉,保证木垛与顶板接顶并有一定的初撑力。借助木垛内道木之间相互的挤压作用,使木垛能够具有一定的抗横向受力能力。

② 相邻木垛之间用道木和耙钉进行连锁固定,以增加木垛整体的稳定性。木垛支护完成后,相关单位应对木垛支护质量进一

步检查验收,确保木垛支护和加固的质量。

加强木垛支护后,可以保证空巷顶板的承载力与顶板的完整性,从而保证工作面三机以及人员安全通过。

6.2　降低采高和增加空巷顶板厚度

工作面目前平均采高为 3.6 m。支架型号为 ZY8000/20.5/40,支护高度为 2 050~4 000 mm。采煤机的最低过机高度为 2.2 m。因此还有较大降低采高的余地。降低采高后,可以使工作面采动压力变得缓和。这一方面减少工作面片帮冒顶的危险性,另一方面在过空巷时可减少对空巷顶板的破坏,确保采煤机安全通过。

8 号煤上下分层之间的泥岩厚度仅为 2.6~3.1 m。8 号煤层煤质本身较硬,具有一定的承载能力。因此建议:在工作面过空巷过程中沿顶回采,通过留设一定厚度的底煤来达到降低采高的目的,以增加空巷顶板的厚度与承载能力。为保证采煤机安全通过,并防止支架被压死,采高最终降为 3.1~3.2 m。

如图 6-2-1 所示,当工作面推进至距离 2$^\#$ 空巷约 20 m 时,通过每刀留设 50~100 mm 的底煤,使空巷区域工作面底板逐渐抬高、采高逐渐降低。降其采高的范围为 4$^\#$ 至 50$^\#$ 支架,其长度约为 80 m。当工作面推过 6$^\#$ 空巷 5 m 后,工作面基本通过空巷区域,此时再将工作面逐步恢复到 3.6 m 的正常采高。

为保持刮板输送机机头与转载机的正常搭接,从机头开始采用缓慢过渡的形式把采高从 3.6 m 逐渐过渡到 3.1 m 左右。机头过渡段的范围为 4$^\#$ 至 9$^\#$ 支架,机尾侧过渡段的范围为 46$^\#$ 至 50$^\#$ 支架。过渡段变坡角度约为 3°。采高降低区过渡段如图 6-2-2 所示。

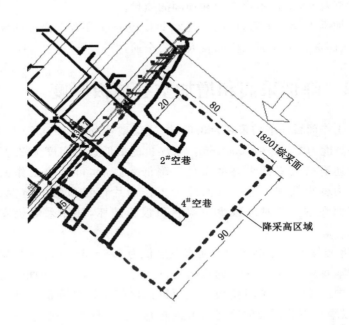

图 6-2-1　18201 工作面过空巷降低采高的范围示意图

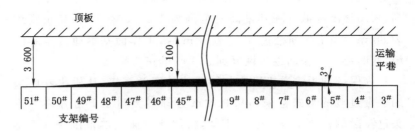

图 6-2-2　采高降低区的过渡段示意图

6.3　适当降低支架初撑力和安全阀开启值

根据采煤工作面矿压规律研究与实践,超前支承压力一般深入煤壁 5～8 m 时达到峰值。因此,在工作面进入空巷前必须保证支架的初撑力,以降低采动支承压力对工作面底板及空巷顶板的影响。此时工作面支架初撑力平均应达到其额定初撑力的 80%,即达到 25 MPa 以上。

同时,在支架即将进入空巷顶板时,下部空巷顶板压力处于工作面底板移动支承压力卸压区,因此此时位于空巷上方的支架(当过 2# 空巷时为 1# 至 25# 支架,当过 4# 空巷时为 1# 至 40# 支架)可以适当降低初撑力,以减少支架作用力对空巷顶板的破坏。要求此范围内支架初撑力能够护顶即可;初撑力定为 10～15 MPa。为防止过空巷时来压强烈导致支架工作阻力过高,将 1# 至 40# 支架的安全阀开启值调整为 30 MPa,同时空巷范围以外的支架必须充分升紧,使其初撑力达到 25 MPa 以上,以防止顶板过度下沉。当跨过空巷后,工作面内所有支架均要能够保证初撑力。

为确保过空巷时支架初撑力能够达到规定要求,建议在此期间建立工作面支架初撑力考核制度。每个生产班由生产技术的科技术人员对工作面支架初撑力抽检、记录。按合格率 80% 为标准对支架工和支架队负责人进行考核。

6.4　在空巷内进行矿压显现规律监测

为及时了解空巷内不同位置顶板压力情况和顶板下沉情况,在空巷内安装压力计和顶板位移计。压力计由锚杆测力计改装而成,被安装在特定位置处木垛的上部两层枕木之间。顶板位移计采用的是 GUW300 型矿用围岩移动传感器为便于安装,将其固定在压力计附近两个木垛之间的道木上。在上方顶煤上安装膨胀螺丝钉,用专用细钢丝绳与下方移动传感器相连。一个压力计对应一个位移计,一共安装 10 对压力计和位移计。其在空巷内的安装位置如图 6-4-1 所示。压力计和位移计的实物如图 6-4-2 所示。根据数值模拟分析得知,空巷交叉点和平行空巷的顶板破坏较严重,因此对交叉点和平行空巷的顶板压力和位移进行重点监测。

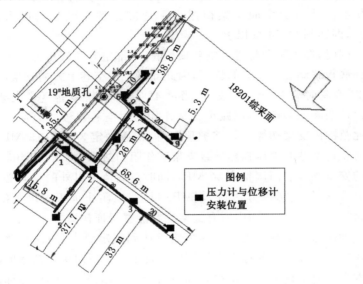

图 6-4-1　压力计和位移计在空巷内的安装位置

压力计和位移计通过分站和信号转换器接入环网,并将信号传输到地面。分站和信号转换器安装在空巷立眼所在的横贯内。该系统可对空巷内顶板位移和压力情况进行实时监测。该系统通过压力和位移变化反映空巷顶板变形破坏情况,以便在工作面通过前及时采取相应措施。CAN 总线系统如图 6-4-3 所示。

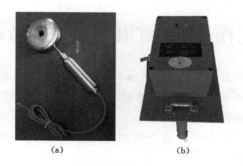

图 6-4-2 压力计和位移计实物

(a) 锚杆测力计；(b) GUW300 型矿用围岩移动传感器

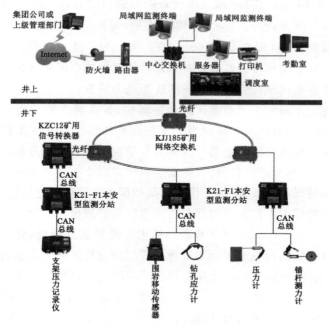

图 6-4-3 CAN 总线系统

6.5 在工作面进行矿压显现规律监测

过底板空巷过程中,工作面顶板压力通过支架传递到空巷顶板上。因此工作面矿压显现规律对过空巷的安全性起到举足轻重的作用。在空巷区域内的支架上安装矿压监测仪器,对该范围工作面顶板的压力情况进行重点监测,并且对工作面支架初撑力达标情况进行监督。

根据空巷沿工作面倾向方向的最大长度,1#至40#支架均可能位于空巷区域内。在 1#、5#、10#、15#、20#、25#、30#、35#、40#支架均安装矿压在线监测设备以加强对空巷区域内支架受力的监测。并在此外的 50#至125#支架,每隔 10 架安装 1 台矿压在线监测设备(即在 50#、60#、70#、80#、90#、100#、110#、120#支架上安装矿压在线监测设备),以总体掌握工作面矿压显现规律和对比空巷区域与非空巷区域的支架受力情况。

在工作面整个过空巷区域的过程中,每天对支架压力表数据进行提取,并由技术人员对当天工作面矿压情况以及支架初撑力情况进行统计分析和汇总。技术人员结合空巷顶板压力和位移的监测结果,形成矿压日报表,并定期向矿方提交。技术人员对工作面来压情况及时预警,对工作面支架初撑力达标情况进行监督,对过空巷过程中工作面可能存在的隐患要及时通报。

如图 6-5-1 所示,对工作面周期来压规律进行分析,并根据支架压力原始曲线对工作面来压等异常情况进行监测。当顶板来压时,支架压力迅速升高,支架呈现激增阻状态。顶板来压期间支架压力原始曲线如图 6-5-2 所示。当过空巷时,工作面底板可能会出现下沉,支架压力在升高之后会呈现降阻现象,如图 6-5-3所示。

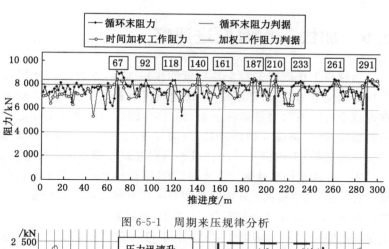

图 6-5-1 周期来压规律分析

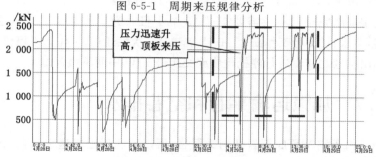

图 6-5-2 顶板来压期间支架压力原始曲线

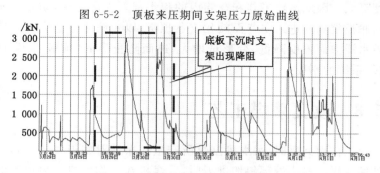

图 6-5-3 底板下沉时支架压力曲线

6.6　加快工作面推进速度

为减少工作面回采对空巷顶板的作用时间,在通过两条平行工作面的空巷时,尽可能不检修,快速通过空巷。为了保证工作面在通过平行空巷时设备运转正常,在过空巷前 5 m,须对工作面设备彻底检修,严格保证检修质量,及时排除设备隐患,同时应加强外围设备的检修,保证工作面在过平行空巷时外围系统保持通畅。

在工作面运输平巷侧,对 $2^{\#}$、$4^{\#}$、$6^{\#}$ 平行空巷对应的工作面位置进行标注,便于根据工作面距离空巷远近及时采取相应措施。正常情况下,工作面 1 个小班割煤 6～7 刀,推进距离为 4.8～5.6 m。支架底座完全过空巷需要 1～1.5 个小班。为了保证快速通过空巷,要求:过平行工作面 $2^{\#}$ 和 $4^{\#}$ 空巷时一次性通过,工作面不停留;在出空巷之前不进行停机检修或交接班工作,中间不做停留。

6.7　加强运输平巷和空巷排水

由于空巷顶底板岩性均为泥岩,所以顶底板围岩遇水软化、强度降低。因此运输平巷和空巷内的积水都要提前疏干,防止积水从底板裂隙内进入空巷而软化空巷顶板,以及防止空巷底板长期被水浸泡而强度降低、变形量增大,进而防止降低"顶板-木垛-底板"系统的刚度。

6.8　改良采煤工艺

工作面回采时,采煤机割煤所产生的振动对底板具有一定的破坏作用。机头端部斜切进刀时,采煤机在工作面机头侧停留时间长,对机头侧底板的破坏更大。为减少过底板空巷时采煤机割煤所造成的影响，应尽可能减少采煤机在机头的停留时间。为此在工作面过 2# 和 4# 空巷时，建议将回采工艺改为单向割煤，即只在机尾进刀，采煤机在机头割透煤壁后立即返空刀，如图 6-8-1 所示。或者在工作面过 2# 和 4# 空巷时，将回采工艺改为中部斜切进刀的双向割煤，如图 6-8-2 所示。

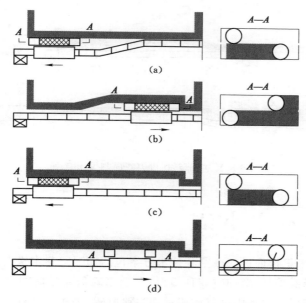

图 6-8-1　机尾端部斜切进刀单向割煤示意图

需做好应对工作面底板一旦塌陷的准备工作。

① 工作面运输平巷或附近横贯内应准备一定的土袋或者沙袋，以及料石、道木等充填材料，以在发现工作面底板塌陷时能够及时充填。

② 根据空巷顶板监测结果，当底板下沉量较大，支架通过有困难时，及时对底板和空巷两帮煤体进行注浆加固，以增加底板强度。

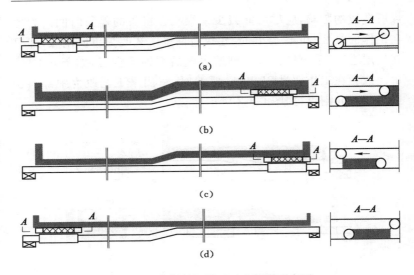

图 6-8-2　中部斜切进刀双向割煤示意图

6.9　本章小结

综采工作面过底板空巷技术方案包括加强空巷木垛支护的稳定性、降低采高、增加空巷顶板厚度、适当降低支架的初撑力和安全阀开启值；空巷内进行矿压显现规律监测、工作面进行矿压显现规律监测；加快工作面推进速度、标注平行空巷位置、一次性通过；加强运输平巷和空巷排水，积水提前疏干；改良采煤工艺，减少机头处采动影响时间，做好应急预案。

第7章　极近距离上覆煤柱高应力集中区解危安全保障技术

上覆煤柱应力集中区域存在的主要安全问题是：① 采空区积水；② 采空区有害气体；③ 破碎围岩控制。

为有效解决以上问题，应采取的基本原则是：① 物理勘探先行。基本查明采空区和实体煤的分布情况，以及采空区积水、积气的情况。② 分区处置。因为采空区条件相对复杂，所以必须先对采空区进行合理划分和封闭，然后实行分区处理。这样相邻采空区的积水、积气才不会对现处理区域造成影响。③ 排除分区内积水、积气。针对确定封闭的分区，施工相应钻孔，用负压排水与排气，同步检测分区内气体组分和水压，达到安全指标后，方可进行施工处理。

研究巷道掘进所需的安全保障技术和解危期间各种灾害所需的安全保障技术。

7.1　巷道掘进安全保障技术

7.1.1　巷道掘进超前探测技术

采用物探与钻探相结合的探测手段，预报掘进迎头地质构造与积水分布特征。其中，物探手段是采用 KDZ 系列巷道超前探测仪、钻孔窥视仪等先进设备，在煤柱较大的区域进行探测。钻探主要是在巷道里通过打孔的方法对煤柱进行探测。在煤柱较小的区域进行钻探。

（1）KDZ 巷道超前探测仪

采用 KDZ1114-6B30 型巷道超前探测仪。MPS 主要由记录单元、接收单元和激发单元三部分组成，如图 7-1-1 所示。

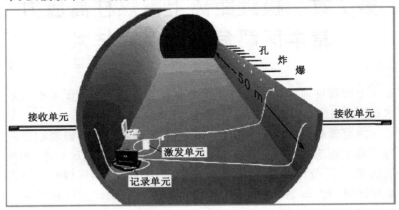

图 7-1-1　MSP 系统的主要结构

图 7-1-2 所示为某矿实测数据分析结果。图 7-1-2 中，深度偏移剖面中用不同的颜色表达出反射波振幅的大小，颜色越高代表该处反射波能量越强。从反射异常界面提取剖面中可以看出，在巷道前方共存在三处明显反射异常带，分别命名为 R1、R2 和 R3，其中 R1 距离迎头位置 13 m 左右，R2 界面位于迎头前方 45 m 左右，R3 界面位于迎头前方 130 m 左右。

（2）掘巷超前探测方案

MSP 探测在迎头有限空间内展开，采用炸药震源。图 7-1-3 所示为某矿运输巷迎头 MSP 超前探测布置方案。

（3）钻孔窥视仪

采用钻孔窥视仪（见图 7-1-4）探测围岩结构，分析区域内的空洞分布及积水、顶板垮落状况。

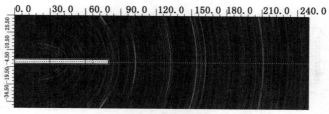

（a）MSP 深度偏移剖面

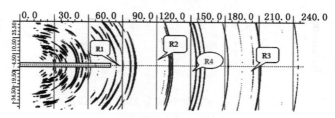

（b）MSP 反射界面提取剖面

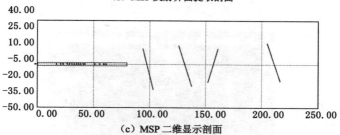

（c）MSP 二维显示剖面

（d）MSP 三维显示剖面

图 7-1-2　MSP 数据解释实例

（a）MSP 深度偏移剖面；（b）MSP 反射界面提取剖面；

（c）MSP 二维显示剖面；（d）MSP 三维显示剖面

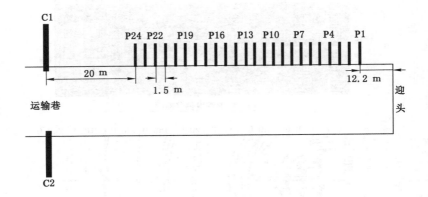

图 7-1-3 某矿运输巷迎头 MSP 超前探测布置方案
C1,C2——三分量检波器;P——炮点

图 7-1-4 钻孔窥视仪

7.1.2　冒落区围岩注浆加固

房柱式采空区巷道弃置时间较长,除主要巷道存在部分锚杆支护外,大多采用裸巷或裸巷配点柱。点柱多已腐烂,巷道存在冒落区,制约掘巷速度。

经调研,掘巷遇到冒顶严重地段时,采用高水材料、化学材料预注浆,滞后注浆技术,对巷道破碎围岩进行固化加固,可以降低巷道施工维护成本,减轻工人劳动强度,取得较好的支护效果。

（1）注浆材料的对比

根据巷道顶板围岩松散破碎的特点,注浆材料的选择主要考虑以下原则:① 浆液的凝胶时间适当可调,以控制浆液的流动范围;② 浆材的结石体最终强度高;③ 浆液结实率高,与破碎顶板具有良好的黏附性;④ 浆液流动性好,配比易调。

井下巷道常用的注浆材料有纯水泥浆液、水泥水玻璃浆液、高水材料、化学浆液。各种注浆材料的性能对比如下所述。

① 纯水泥浆液成本低,但胶凝时间慢,凝固时间可调节性较差,制约掘巷速度;② 水泥水玻璃浆液力学性能较好,成本低,但凝胶时间为 1～2 h,对于巷道掘进速度仍有一定影响;③ 马丽散、高水速凝材料等新型注浆材料,虽然材料成本高,但浆液性能良好、胶凝时间短,施工工艺简单,有利于巷道快速掘进。

对比注浆材料性能指标可知,马丽散和高水速凝材料都具备硬化速度快的性能优势。与高水速凝材料相比,马丽散更具优势:① 黏度低,能很好地渗入细小的缝隙中;有极好的黏合能力,与松散煤体形成很好的黏合。② 有良好的柔韧性,能承受随后的采动影响,可与水反应并封闭水流。③ 膨胀率高,达到原来体积 20 倍左右。④ 封口技术成熟。专用封口器的设计合理。封口器一端有垫片。在开始注浆时,浆液在封口器内膨胀将封口器与孔壁密合,当浆液压力达一定值时,垫片被冲开,浆液便经注浆管注入岩层。

掘巷过程中,当遇到严重冒落塌陷地段时,可以采用马丽散(或者高水材料)进行预注浆、滞后注浆加固。这两种注浆材料都是由2种原料配比而成,在注浆工艺和浆液配制方面具有很多相似性。以马丽散为例,介绍注浆加固方案。

(2) 注浆加固方案的设计

① 当巷道掘至距前方探测冒落塌陷区3.0 m时,对该区域进行超前预注浆固化,再对该区域巷道顶帮进行二次注浆(滞后注浆)加固,强化围岩强度。

② 预注浆钻孔布置:采用煤电钻打眼,直径42～45 mm。过塌陷区注浆孔布置方案如图7-1-5所示。预注浆钻孔施工参数见表7-1-1。

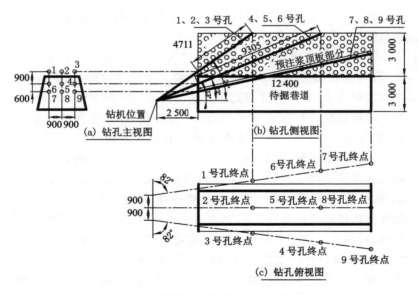

图 7-1-5　过塌陷区预注浆孔布置方案示意图

表 7-1-1　　　　　　　　预注浆钻孔施工参数

钻孔编号	水平投影与中线夹角/(°)	仰角/(°)	斜长/mm
1	8	36	5 440
2	0	35	5 450
3	8	36	5 440
4	8	23	9 350
5	0	22	10 000
6	8	23	9 350
7	8	18	12 780
8	0	18	12 660
9	8	18	12 780

③ 二次注浆钻孔布置:待巷道掘过后再对冒落区围岩进行二次注浆加固。注浆孔垂直顶板、两帮布置。为了防止浆液穿孔,采用间隔注浆,即打注浆孔时第 1 次隔排打孔,注浆完成后,在每 2排注浆孔之间再打 1 排注浆孔,然后再注浆。

（3）注浆材料的选择和注浆工艺的设计

① 注浆材料及设备。

注浆材料及设备见表 7-1-2。

表 7-1-2　　　　　　　　注浆材料及设备

名称	规格	数量	备注
注浆泵	ZBQS-8.4/12.5	2	
注浆管	ϕ13 mm 高压胶管 40 m	4	每台泵 2 根
封口器	ϕ40 mm×(1.5~2) m		
注射枪		1	使两种液体均匀混合
树脂	每桶 25 kg		起加固左右
催化剂	每桶 30 kg		起催化作用

② 注浆工艺流程。

打眼→铺设注浆管和供风管路→安装封口器→用高压胶管连接注射枪和注浆泵→将两根吸管分别插入装有树脂和催化剂的桶内→开泵注浆→加固掘进头松散煤岩体→冲洗机具→停泵→拆卸注射枪。

7.1.3 掘巷超前探放水作业规程

掘巷严格按照山西省煤炭厅《关于进一步加强煤矿防治水工作的若干规定》的文件精神,严格执行煤矿防治水规定,坚持"预测预报、有掘必探、有采必探、先探后掘、先探后采"的探放水原则。长探、补探(短探)相结合,进行全方位探放水工作。实行掘探分离制度,由专门的探水队进行探放水作业。

(1)探水前准备工作

① 探水队必须掌握工作面水文地质资料,充分考虑积水或含水层水源范围和水压情况,做好充足的放水和撤离准备。

② 综掘队必须加强钻场附近的巷道支护,防止水流冲垮煤壁,造成事故。

③ 综掘队必须事先清理巷道,接好排水管路及排水泵,探水钻孔位于巷道低洼处时,必须配备与估计探放水量相适应的排水设备。

④ 人工搬运设备时,要用绳子系牢,并轻抬轻放,有专人指挥,起落行动一致,防止设备倾倒伤人。

⑤ 准备好各种材料、配件、备用工具,摆放要整齐有序。

⑥ 调试钻机。检查钻机各传动部分运转是否正常,开关启闭是否灵活可靠,各种零部件及钻具是否齐全、合格。发现不符合规定者,必须立即处理或更换。

⑦ 钻机尾部,必须安设牢固防止钻杆摆动的装置。

⑧ 探水队必须准备足够的堵水和放水材料:海带 5 kg,1.5 m 长、大头直径 100 mm、小头直径 65 mm 的木楔 5 根,水泥锚固剂

25 kg,搪布 20 m,长 5 m 直径为 75 mm 的止水套管 3 根及与止水套管配套的三通放水阀门等。堵水材料必须齐全有效,否则严禁探水。

⑨ 探放水期间,工作面配备专用电话,遇到情况统一听从调度室指挥。

⑩ 根据设计,确定主要探水孔位置时,由测量人员进行标定,负责探放水工作的人员必须亲临现场,共同确定钻孔的方位、倾角、深度和钻孔数量等。

⑪ 由现场专职安全员、瓦检员检查顶板及瓦斯情况,确认安全后方可钻探。

⑫ 检查安全退路。在探放水时确保避灾路线内无阻塞,撤退时畅通无阻。

（2）探放水钻孔设计

采用 ZLJ-700 煤矿专用探水钻机长距离探水,并配合使用 ZQJ-90/1.9 架柱式专用探水钻补充探水,进行全方位探放水工作。

① 长探钻孔布置方案。

掘进头布置 3 个钻孔,包含 1 个中心孔（中线方向）和 2 个帮孔。钻孔设计孔深为 200 m,开孔 ϕ108 mm,终孔 ϕ75 mm,均距巷道底板为 1.0 m,开孔点间距为 1 m,中心孔钻孔方位与巷道中线平行,孔深 200 m;左、右帮孔与中心孔夹角为 6°,钻孔深度约为 201 m,两个钻孔均与巷道底板水平延伸方向上仰 1°,每循环探水完毕后允许掘进 140 m,前方保持 60 m 超前距离。长探钻孔布置方案见图 7-1-6。

② 补充钻孔布置方案。

开始补充探水为第一次发现长探帮孔痕迹时,在掘进头布置 3 个钻孔,包含 1 个中心孔（中线方向）和 2 个帮孔,帮孔与中心孔夹角为 19°,钻孔倾角保持与煤层底板平行,帮孔与中心孔水平间

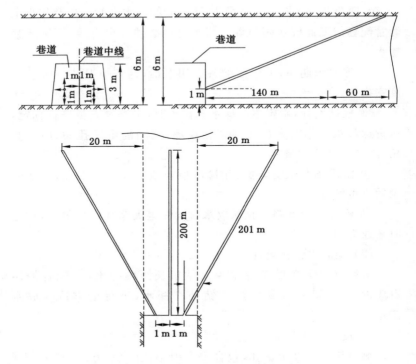

图 7-1-6　长探钻孔布置方案示意图

距为 1.0 m,所有钻孔高度距离巷道底板 1.0 m,中心孔钻孔深度
为 60 m,帮孔钻孔深度为 63.5 m,每次探水完毕后允许掘进 30
m,前方保持 30 m 超前距离。当剩余超前距离为 30 m 时,必须进
行再次补探。补探钻孔方案见图 7-1-7。

③ 探眼顺序。

中心孔→帮孔。

(3) 施工方法及相关规定

① 探水钻孔的位置、方位、角度和深度,要严格按照探放水钻

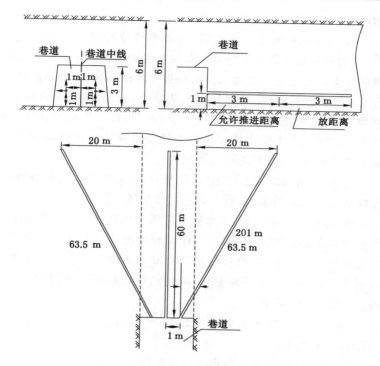

图 7-1-7　补探钻孔布置方案示意图

孔设计执行。

② 钻机工作时液压系统不得渗漏,否则应立即停车更换,并对渗漏物及时掩埋处理。严禁随意调节各种压力调节阀。

③ 维修时必须先切断电源才能打开箱盖进行维修工作。

④ 机器运行中应定期检查电器绝缘情况及接线是否松动。

⑤ 接、卸钻杆时,必须在停电状态下进行。

⑥ 每次启动时应检查电机旋转方向、送水器转动是否灵活、输水胶管是否固定,以防转动。

⑦ 解体时,各油管、接头等应用堵头或干净的布包扎,防止污

物进入。

⑧ 每次探放水工程完工后,由地测科牵头组织探水队、生产科、安监科等相关科室人员共同对探放水钻孔现场进行检查验收,确认探水钻孔是否符合要求。钻孔验收合格有效后,经地测科、探放水相关责任科室(安监科)、探水队队长、跟班矿长、分管探放水领导、驻矿安监员同意允许掘进,现场在《探放水安全确认签字移交表》上签字,并由安全指挥中心主任发出允许掘进活动指令,采掘队队长签字后,方可进行正常掘进。

⑨ 探水队每次探水完毕后,应及时、准确填写探水管理牌,工作面现场牌板必须及时、真实显示探水结果。

⑩ 每次探水完毕后,探水队要在工作面悬挂探水起始点标志牌和探水孔标志牌。掘进时,工作面现场由验收员每班确认当班掘进进尺和超前距离,当长探超前距离接近 60 m,补探超前距离接近 30 m 时,及时上报地测科,由地测科通知探水队做好探水准备。严禁超安全距离掘进。

⑪ 工作面必须准备长度大于 30 m 探杆,用于钻孔验收及超前距离确定工作。

⑫ 探水队队长全面负责探放水工作。

(4) 操作探水钻相关注意事项

① 探水前必须熟读 ZLJ-700 探水钻说明书。

② 操作准备。

(a) 安装前要检查、整修设备,并检查加固钻场及其周围支护情况,防止冒顶片帮;清理各种脏杂物,挖好清水池和疏水沟。

(b) 钻机立轴对准钻孔位置,摆正钻机架,使钻机放置稳固。

(c) 机身安放平稳,上紧底固螺丝。

(d) 各种电气设备必须防爆,机械传动部分要安装防护栏、保护罩。

(e) 电器设备的安装,必须执行《煤矿安全规程》和有关规定。

（f）准备好各种材料、配件、备用工具，摆放要整齐有序。

③ 操作方法。

（a）电源接好后，先用手盘车试运转，再送电试运，转扳动各操作手柄，检查各旋转件转动、各油管接头、压力表的技术参数。

（b）开车前要检查钻机是否安装平稳可靠，各紧固件有无松动情况，检查变速箱内液压油箱内油面高低，不足时应予以补充。

（c）在接、卸接头时，严禁钻机挂空挡或带电进行。

（d）操作钻机和停送电必须由专人操作专人看护控制开关，先停电后上卸钻杆。

（e）用手动卡盘卡紧钻杆时，要均匀拧紧齿瓦螺栓，要检查齿瓦螺栓露出卡盘体的长度，以免齿瓦螺栓与给进油缸相碰。

（f）在运转过程中有不正常的声音、振动、发热及漏油情况，应立即停车检查。

（g）每次启动时应检查电机旋转方向、送水器转动是否灵活、输水管是否固定，以防转动。

（h）施工仰角钻孔时，根据孔深和角度大小合理加减压。

（i）管钳卸接钻杆时，两人要协调一致。

（j）提下钻具时，应站在钻杆两侧提送钻杆。

④ 安装及拔钻杆时应注意以下问题。

（a）钻杆应不堵塞、不弯曲、丝口未磨损，不合格的不得使用；凡钻杆直径单边磨损达 2 mm，或均匀磨损达 3 mm，每米弯曲超过 3 cm 及各种钻具有微小裂隙，丝扣严重磨损、松动或其他明显变形时，均不得下入孔内。

（b）接钻杆时要对准丝口，避免歪斜和漏水。

（c）卸钻头时，应严防管钳夹伤硬质合金片、夹扁钻头。

（d）装钻杆时，必须一根接一根依次安装。

（e）拔钻杆时，必须用探水钻的一挡或空挡一根接一根依次拔出。

⑤ 打钻时要做到以下几点：

（a）启闭开关时，注意力要集中，做到手不离按钮，眼不离钻机，随时观察和听从司机命令，准确、及时、迅速地启动和关闭开关。

（b）禁止用手脚直接制动机械运转部分；禁止将工具和其他物品放在钻机、水泵、电机保护罩上。

（c）扶把时，要站在立轴和手把一侧，不得紧靠钻机；钻机后面和前面的给进手把范围内，不得站人，防止高压水将钻具顶出伤人或给进手把翻起打伤人；给压要均匀，根据孔内情况及时调整钻法及压力。

（d）钻进过程中，一旦发现"见软""见空""见水"和变层，要立即停钻，丈量煤壁外露钻杆尺寸并记录煤壁内所有钻杆的总尺寸。

（5）安全措施

① 探放水前，先检查作业范围内顶板支护有无危及人身安全和设备安全的隐患，妥善处理后，方准作业。

② 探水过程中，安监员、瓦检员要现场配合，测定开关、电气设备附近 20 m 内风流中甲烷浓度，当甲烷浓度达 0.8% 时，应停止作业，当甲烷浓度达 1.2% 时，撤出人员，停电处理。

③ 探水地点必须有专人检查有毒有害气体，严防 CO_2、H_2S 和瓦斯大量涌出，使人窒息、中毒。

④ 工作面探水前，必须预先固结套管，在套管口安装三通闸阀，且进行耐压试验。

⑤ 预计钻孔内水压大于 1.5 MPa 时，应当采用反压和有防喷装置的方法钻进，并制定防止孔口管和煤（岩）壁突然鼓出的措施。

⑥ 探水钻钻进时，发现煤岩松软、片帮、来压或钻孔中的水压、水量突然增大和顶钻等异状时，必须停止钻进，但不能拔出钻杆，现场负责人员应立即向矿调度室报告，立即撤出所有受水威胁区域内的人员到安全地点，然后采取安全措施，派专业技术人员监

测水情并进行分析,妥善处理。

⑦ 在探水钻进中发现水情,必须停止钻进,不得拔出钻杆,立即向矿调度室报告。视水情可以堵水时,进行如下操作:

(a) 先用木棍把海带塞入出水口;

(b) 用木楔缠上搪布堵住出水口;

(c) 用水泥锚固剂锚固。

⑧ 放水时为确保安全,必须按以下要求严格执行:

(a) 放水前应进行水量、水压及煤层透水性试验。

(b) 根据探测到的积水区水压、水量,结合我矿水仓储水量和水泵排水能力,安好放水阀门,控制放水量,以免造成水灾。

(c) 放水时要有专人管理,随时观测水压和水量的变化,做好记录并把每班放水量及时报地测科,若水量突然变化,必须及时处理,并立即报告矿调度室。

(d) 放水时必须有瓦检员检查瓦斯及有害气体,如有瓦斯和其他有害气体浓度超过规程规定时,必须立即停止钻进,切断电源,撤出人员,并报告矿调度室,及时处理。

(e) 工作面排水要使用专用电路,保证工作面设备被淹时水泵能正常排水。

(f) 探水时,井下一旦发生透水事故,探水队现场管理人员要尽快通知调度室及总工,调度室及时通知受水害威胁的工作人员,按照矿井灾害预防和处理计划中所规定的路线和方法撤退到安全地点或地面。

(6) 井下发生突水事故时应急避险及撤离现场时注意事项

① 矿井发生突水事故时,要根据灾情迅速采取以下有效措施进行紧急避险:

(a) 水害事故发生后,现场及附近地点工作的人员在脱离危险后,应在可能情况下迅速观察和判断突水的地点、涌水的程度、现场被困人员的情况等,并立即报告矿井调度室。同时,应利用电话或其他联络方式及时向其他可能受到威胁区域的人员发出警报通知。

（b）当老空水涌出，使所在地点有毒有害气体浓度增高时，现场职工应立即佩戴好自救器。在未确定所在地点空气成分能否保证人员生命安全时，禁止任何人随意摘掉自救器的口具和鼻夹，以免中毒窒息事故发生。

（c）井下发生突水事故后，决不允许任何人以任何借口在不佩戴防护器具的情况下冒险进入灾区。否则，不仅达不到抢险救灾的目的，反而会造成自身伤亡，扩大事故。

（d）在突水迅猛、水流急速的情况下，现场人员应立即避开出水口和泄水流，躲避到硐室、拐弯巷道或其他安全地点。如情况紧急来不及转移或躲避，可抓牢棚梁、棚腿或其他固定物体，防止被涌水打倒和冲走。

② 当因涌水来势凶猛、现场无法抢救或者将危及人员安全时，井下职工应沿着规定的避灾路线和安全通道迅速撤退，撤退中应注意下列事项：

（a）撤离前，应当设法将撤退的行动路线和目的地告知矿领导。撤退时，必须按照规定路线撤退。

（b）如果突水很大，在条件允许的情况下迅速撤往突水地点上山方向的安全地点，不得进入突水点的附近及下方独头巷道。

（c）行进中应靠近巷道一侧，抓牢支架或其他固定物体，尽量避开压力水头，并注意防止被水中流动的矿石和木料等物体撞伤。

（d）如因突水后破坏了巷道中照明的指路牌迷失了行进的方向，遇险人员应朝着风流通过的上山巷道方向撤退。

（e）在撤退沿途和所经过的巷道交叉口，应留设指示行进的明显标志，以提示救护人员注意。

（f）撤退中，如因冒顶或积水造成巷道堵塞，可寻其他安全通道撤出，在唯一的出口封堵无法撤退时，应组织避灾，等待救护人员的营救,严禁盲目潜水等冒险行为。

(7)未述部分

未述部分严格按照《煤矿安全规程》《采掘工作面探放水设计》《防治水规定》和《探水钻操作规程》执行。

7.1.4 巷道矿压监测

7.1.4.1 一般监测方案

(1)巷道表面位移观测

观测目的:观测工作面采动对巷道变形的影响情况。

使用仪器:木桩、特制铁钉、卷尺及测杆。

仪器布置:在解危工作面的两平巷与治理块段边界巷道交叉点布置测站,即每30 m布置一个测站,每个测站内测站间隔1～2 m布置三个"十"字测量基点,如图7-1-8所示。

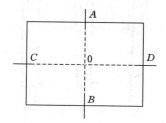

图 7-1-8　巷道变形量观测示意图

巷道变形观测基点的布置要求:

① 基点应设在围岩表面比较稳定的部位,若基点被破坏应立即补上。

② 安设基点时,先在预定位置上钻一个深 300 mm 的钻孔。孔内打入一相应长度的木桩。木桩露出的端部打入一个长度为40 mm 的特制铁钉,其头部有一个凹坑,以便支设测杆。

测站安设后,原则上每天测量一次顶底板移近量、两帮移近量、底鼓量(中线 CD 到 B 点的垂距)及测站距解危工作面的距离。

（2）顶板离层观测

观测目的：掌握巷道锚固区内外顶煤或顶板岩层位移情况，从而判断锚杆支护参数的合理性。

使用仪器：LBY-3 型离层指示仪。

仪器布置：解危工作面的两平巷与治理块段边界巷道每隔 30 m 布置一组。预计解危工作面的两平巷各布置 20 组，两平巷共 40 组；治理块段边界巷道内各布置 5 组，共 100 组。以上合计 140 组。顶板离层指示仪安装示意图如图 7-1-9 所示。

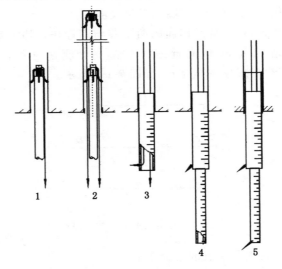

图 7-1-9　顶板离层指示仪安装示意图

观测方法：每班或每天测量测钻孔内每个测点钢丝绳端部与基点之间的距离。

（3）锚杆（索）受力观测

观测目的：掌握锚杆（索）受力情况，优化锚杆支护参数，改善锚杆支护材料，进一步提高巷道支护效果，保证掘进和回采期间的安全。

使用仪器：KSE-Ⅱ-4 型锚杆（索）测力计。

仪器布置：解危工作面的两平巷与治理块段边界巷道每隔 30 m 布置一组。预计解危工作面的两平巷各布置 20 组，两平巷共 40 组；治理块段边界巷道内各布置 5 组，共 100 组。以上合计 140 组。每组监测一个断面，每个断面布置 3 台锚杆测力计（分别监测顶部和两帮锚杆），1 台锚索测力计，共 560 台锚杆（索）测力计。

观测方法：观测频度要求与表面位移观测相同，原则上每天测定一次。

7.1.4.2　在线监测方案

在线监测采用 KJ21 煤矿顶板灾害监测预警系统。该系统是一套功能齐全、可扩展的监测系统，主要用于实时、在线监测液压支架工作阻力、超前支承压力、煤柱应力，锚杆（索）载荷和巷道围岩变形量。该系统是天地科技股份有限公司开采设计事业部多年来矿山压力及岩层控制研究成果的积累与升华。该系统中的应力（压力）传感器采用薄膜应变式原理，工作性能稳定。该系统软件能够自动分析初撑力、末阻力，自动生成矿压报表及报告，通过网络，数据可实时传输到集团公司远程监控平台，进行显示、存储、报警及分析，其独特功能国内首创。

该系统主要由工作面工作阻力监测系统、巷道顶板离层监测系统和巷道锚杆、锚索支护应力监测组成。该系统结构如图 7-1-10 所示。

（1）工作面工作阻力监测系统

支架压力记录仪内置两个传感器，传感器每隔 2 s 测量支架的工作阻力。

当接收到上传数据信号时，若当前测量到的数据压力变化值大于 1 MPa，则上传，否则不上传；如仪器存储有历史数据，就传历史数据；当连续 30 min 内数据无变化就上传一次当前值。

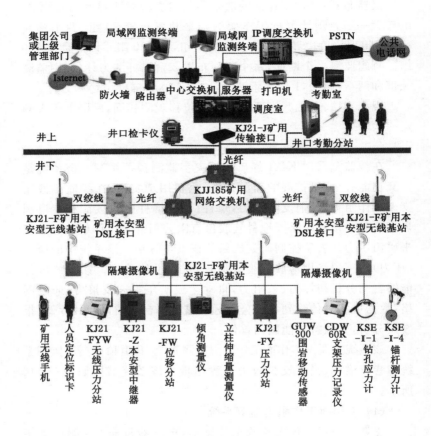

图 7-1-10　KJ21 煤矿顶板灾害监测预警系统结构

没有接收到上传数据信号时，若当前测量到的数据压力变化值大于 1 MPa，则存储在仪器里；当连续 30 min 内数据无变化就存储一次当前值。

（2）巷道顶板离层监测系统

GUW300 型矿用围岩移动传感器是位移传感器，主要用于煤矿巷道或工作面顶板下沉量等的监测和报警。该传感器采用本质安全电路设计，可用于井下含有瓦斯等爆炸性气体的危险场所。

该传感器采用了直线位移测量方法测量顶板下沉量。该传感器采用了一个位移—电压转换装置，当物体发生位移变化时，带动钢丝绳拉长或缩短，位移传感器内部一个通有恒定电流的电位器，当电阻值发生变化，将其转换为电信号，由单片机组成的数据处理电路完成数据转换、显示和报警功能。

每个离层传感器配置了两个基点（深基点 A，浅基点 B），基点的安装深度根据顶板地质条件和选择的支护方式确定。

（3）巷道锚杆、锚索支护应力监测

KSE-Ⅱ-4 型锚杆（索）测力计在 KJ21 煤矿顶板灾害监测预警系统中与矿用本安型监测分站连接，用于煤矿井下巷道支护锚杆（索）张拉力的测量。

锚杆或锚索（单束）的轴向张拉力通过锚具作用于压力枕刚性外传力板上，进而转变为压力枕的液体压力。该压力信号经过单片机处理后，换算被测锚杆或锚索张拉力值。

解危工作面的两平巷与治理块段边界巷道每隔 30 m 布置一组。预计解危工作面的两平巷各布置 20 组，两平巷共 40 组；治理块段边界巷道内各布置 5 组，共 100 组。以上合计 140 组。采用在线监测巷道顶板离层和锚杆（索）受力。断面传感器安装位置如图 7-1-11 所示。监测系统布置如图 7-1-12 所示。

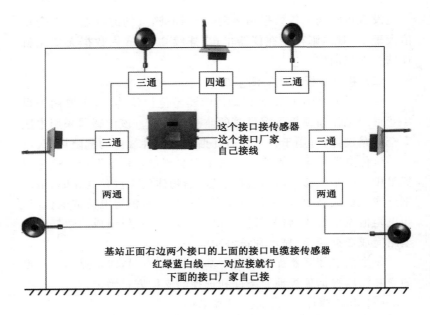

图 7-1-11　断面传感器安装位置示意图

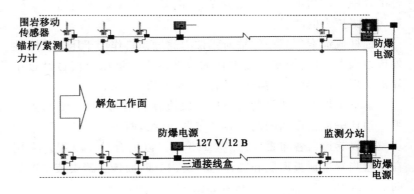

图 7-1-12　监测系统布置示意图

7.2　瓦斯防治预案

原左云县水窑乡大路坡村三号井煤矿瓦斯相对涌出量 0.98 m^3/t,绝对涌出量 0.37 m^3/t;CO_2 相对涌出量 1.14 m^3/t,绝对涌出量 0.43 m^3/t。矿井瓦斯等级鉴定为低瓦斯矿井。

根据大路坡煤矿 11^{-2} 煤层的开采概况,巷道宽度 5 m,煤柱 $(4\sim6)$ m×15 m,采高 3 m。一般认为,在如此小的跨度和很大的煤柱支撑的围岩体系中,围岩顶板一般不会垮落,或垮落不充分。煤柱一般不会被压垮,基本顶保持相对完好。煤柱会产生应力集中,边缘 1 m 左右范围内,会出现压裂破碎。房柱式采空区巷道弃置时间较长,除主要巷道存在部分锚杆支护外,大多采用裸巷或裸巷配点柱。点柱多已腐烂,巷道存在冒落区。煤柱中的瓦斯经过几年时间的渗流会迁移到采空区,虽然之前的测定表明,11 号煤层属低瓦斯,但仍然可能会造成采空区瓦斯积聚,瓦斯浓度相对较高,而残留煤柱的瓦斯含量较低。

7.2.1　解危区域瓦斯防治措施

根据国家安全生产监督管理总局、国家煤矿安全监察局颁布实施的《煤矿安全规程》相关规定,有下列情况之一的矿井,必须建立地面永久抽采瓦斯系统或井下临时抽采瓦斯系统:

① 1 个采煤工作面的瓦斯涌出量大于 5 m^3/min 或 1 个掘进工作面瓦斯涌出量大于 3 m^3/min,用通风方法解决瓦斯问题不合理的。

② 矿井绝对瓦斯涌出量达到以下条件的:

(a) 大于或等于 40 m^3/min;

(b) 年产量 1.0～1.5 Mt 的矿井,大于 30 m^3/min;

(c) 年产量 0.6～1.0 Mt 的矿井,大于 25 m^3/min;

(d) 年产量 0.4～0.6 Mt 的矿井,大于 20 m^3/min;

（e）年产量小于或等于 0.4Mt 的矿井，大于 15 m^3/min。

③ 开采有煤与瓦斯突出危险煤层的。

根据《煤矿瓦斯抽放规范》和《矿井瓦斯抽放管理规范》相关规定，建立永久瓦斯抽采系统的矿井，应同时具备下列 2 个条件：（a）瓦斯抽放系统的抽放量可稳定在 2 m^3/min 以上。（b）瓦斯资源可靠、储量丰富，预计瓦斯抽放服务年限在 10 年以上。

大路坡煤矿瓦斯相对涌出量 0.98 m^3/t，绝对涌出量 0.37 m^3/t，小于 3 m^3/min，掘进生产期间，主要采用风排方法处理瓦斯，不需要建立瓦斯抽采系统。

7.2.2 解危治理块段瓦斯检测仪器

根据《煤矿安全规程》及《矿井通风安全装备标准》的有关规定，结合大路坡煤矿的实际情况，设计配备了安全检测所必须必备的仪器仪表及设备，见表 7-2-1。

表 7-2-1　　　瓦斯等灾害气体检测仪器配备

序号	设备名称	型号
1	光学甲烷检定器	GWJ-1A
2	光学甲烷检定器	GWJ-2
3	甲烷检定器校正仪	GJX-2
4	便携式甲烷检测报警仪	AZJ-91
5	充电器	CDQ-91
6	甲烷、氧气检测仪	JJY-1
7	甲烷报警矿灯	KSW10F(A)
8	一氧化碳检定器	AT_2
9	风电甲烷闭锁装置	FDZB-1A
10	矿用隔爆型电缆硫化热补器	BAR_2-127/1.4
11	采煤机甲烷断电控制仪	AQD-1

治理块段采用 U 形通风方式,在治理块段边界巷道上隅角、边界巷道(端尾出口不大于 10 m 处)和回风巷(距边界巷道回风口 10~15 m 处)分别安设甲烷传感器和一氧化碳传感器;甲烷传感器报警、断电、复电浓度分别为:

① 上隅角甲烷报警浓度≥0.8%、断电浓度≥0.8%、复电浓度<0.8%。

② 工作面甲烷报警浓度≥0.8%、断电浓度≥0.8%、复电浓度<0.8%。

③ 工作面回风流甲烷报警浓度≥0.8%、断电浓度≥0.8%、复电浓度<0.8%。

甲烷传感器每 7 d 调校一次,一氧化碳传感器每 15 d 调校一次。

监测设备应符合国际、国家及行业的有关规程、规范、标准。遵循先进、成熟、适用、可靠的原则,选用通过国家技术监督局认证、经过有关部门检验,取得"MA 标志准用证"的产品。

在连续采煤机上安装机载式瓦斯断电系统,《煤矿安全规程》规定必须采用机载式监测方式,以便能及时地检测到采掘过程中的瓦斯突出,进而实时断电。连续采煤机载式瓦斯断电仪系统由专用智能磁力启动器、机载瓦斯断电仪及机载瓦斯传感器 3 部分组成。它与连续采煤机用 5 芯电缆连接,实现断相、过流、程控、漏电及各种保护,并从控制回路接收甲烷信号实现连续采煤机机载式甲烷遥控断电。另外,启动器通过专用端子外接甲烷传感器,实施常规甲烷断电。

机载瓦斯断电仪由微机控制,为隔爆兼本安型。一条专用电缆与连续采煤机连接,一条信号电缆与机载传感器连接。当甲烷到达断电值时,通过连续采煤机与为其供电的磁力启动器之间的专用动力电缆,在保证连续采煤机原开停控制,模拟测试以及水温、油压等保护不受影响的情况下,通过启动器的控制回路传递甲烷信号。

7.2.3 预防矿井瓦斯爆炸措施

瓦斯爆炸必须同时具备三个条件：① 瓦斯与空气混合成的瓦斯浓度在爆炸范围(5%～16%)内；② 高温热源存在时间大于瓦斯的引火感应期，在正常大气条件下瓦斯在空气中的点燃温度为650～750 ℃；③ 瓦斯-空气混合气体中的氧浓度不低于12%。

防止瓦斯爆炸，主要是消除瓦斯爆炸的条件并限制爆炸火焰向其他地区传播，具体方法可归纳为三个方面：防止瓦斯积聚，防止引爆瓦斯和防止瓦斯事故的扩大。虽然本矿属低瓦斯矿井，但必须加强瓦斯，为矿井安全生产提供了保障。

(1) 防止瓦斯积聚。

① 加强通风管理，优化矿井通风系统，确保矿井足够的风量。

② 建立完善的瓦斯检查和监测制度，严禁空班、漏检，严格执行瓦斯日报制度。

③ 瓦斯积聚是发生瓦斯事故的物质条件，必须采取积极有效的措施，杜绝瓦斯局部积聚。

(2) 防止瓦斯引爆。

① 严格执行《煤矿安全规程》规定，禁止井口房、通风机房周围 20 m 范围内出现明火，严禁易燃物品下井，解决消灭明火。

② 严格火药、爆破管理，严格执行"一炮三检"和"三人连锁放炮"制度，防止出现爆破火焰。

③ 井下电气设备必须使用合格产品，电缆接头不准有"鸡爪子""羊尾巴"和"明接头"，局部通风机实行"三专两闭锁"，严禁出现电气火花。

(3) 防止瓦斯灾害事故扩大。

① 编制切合矿井实际的"矿井灾害预防和处理计划"，并适时进行修订补充。

② 回风立井井口设置防爆门。

③ 下井人员必须每人随身携带自救器,同时懂原理,会使用。

(4) 建议矿方委托有资质单位对 11^{-2} 煤层的煤尘爆炸危险性、瓦斯基础参数、自燃倾向性进行鉴定。根据鉴定结果,必要时需编制相应的防治预案。

(5) 本矿为低瓦斯矿井,建立瓦斯实时监测监控系统。认真监测井下瓦斯含量变化,做好通风工作,并按照有关要求进行瓦斯等级鉴定。

(6) 防止生产过程中甲烷浓度超限:通风是防止瓦斯积聚的行之有效的方法,矿井通风必须做到有效、稳定和连续不断,使采掘工作面和生产巷道中甲烷浓度符合《煤矿安全规程》要求。

(7) 矿井必须建立瓦斯检查制度。矿长、矿技术负责人、爆破工、采掘区队长、通风区队长、工程技术人员、班长、流动电钳工下井时,必须携带便携式甲烷检测仪。瓦斯检查工必须携带便携式光学甲烷检测仪。安全监测工必须携带便携式甲烷检测报警仪或便携式光学甲烷检测仪。采掘工作面的甲烷浓度检查次数每班 2 次。瓦斯检查人员必须执行瓦斯巡回检查制度和请示报告制度。采取有效措施及时处理局部积存的瓦斯,应加强检测与处理。不用的巷道及时封闭。

(8) 防止瓦斯引燃:严格控制和加强管理生产中可能引火的热源。

(9) 瓦斯安全监控系统:在采掘工作面以及与其相连接的上下平巷中设置甲烷报警仪,监测风流中的瓦斯动态,并将信息及时传送到地面控制室。在主要工作地点设置甲烷断电仪,当甲烷浓度超限时,及时自动切断电源。此外,配备个体检测设备。

(10) 防止瓦斯灾害事故扩大:回风立井井口设置防爆盖,以防冲击波毁坏风机。井下建立完善的隔爆设施。

(11) 连续采煤机上应设置机载式甲烷断电仪。

(12) 井下局部通风机的管理措施:

① 局部通风机必须由指定人员负责管理,保证正常运转。

② 局部通风机和启动装置必须安装在进风巷道中,距巷道回风口不得小于 10 m。

③ 正常工作的局部通风机必须采用"三专"供电,专用变压器最多可向 4 套不同掘进工作面的局部通风机供电。备用局部通风机电源必须取自同时带电的另一电源,当正常工作的局部通风机故障时,备用通风机能自动启动,保持正常供风。

④ 使用局部通风机通风的掘进工作面,不得停风;因检修、停电、故障等原因停风时。必须将人员全部撤至全风压进风流处,并切断电源。

⑤ 局部通风机因故停风恢复通风前,必须由专职瓦斯检查员检查瓦斯,只有在局部通风机及其开关附近 10 m 以内风流中的甲烷浓度都不超过 0.5%时,方可由指定人员开启局部通风机。

本矿井为低瓦斯矿井,其他相关规定要严格按照《煤矿安全规程》中的规定执行。采取一切必要的预防措施,避免灾害事故的发生。

7.3 老空区有害气体监测防治预案

早期残柱式采空区存在瓦斯、CO 等有害气体,在治理块段范围内切割煤柱及切顶爆破过程中,有害气体可能从老空区向工作面不断渗透,并随工作面在治理块段范围内切割煤柱及切顶爆破、采空区顶板垮落不断涌出,威胁治理块段的安全。在治理块段掘巷时,需要加强有害气体监测,制定相应的抽排预案。

治理期间,如果遇到老空区有害气体大量涌出的情况,那么需要制定老空区有害气体综合防治技术方案,通过降低两巷与采空区的风压差,控制采空区风量流动方向和速度,同时实施增阻堵漏和灌浆隔离措施,加速采空区冒落煤岩的胶结,增加采空区的气密性和漏风通道的风阻,有效控制采空区有害气体的大量涌出,彻底隔离外围采空区有害气体的涌入,确保治理工作面安全生产。

7.3.1　通风网络增压调节

根据矿井通风网路理论可知,矿井空气是一种连续介质,该介质在巷道内作稳定的流动,且不可压缩。巷道的长度远大于巷道的宽度和高度,故巷道风流可看成一维流态问题。因此,矿内空气无论在何种通风网路内流动时,都同时满足 3 个基本方程。

（1）通风阻力定律

$$H_i = R_i Q_i^2$$

式中　i——巷道编号,$i = 1, 2, 3\cdots, n$;

$\quad\quad H_i$——i 巷道通风阻力,Pa;

$\quad\quad R_i$——i 巷道的风阻,$N \cdot s^2 / m^8$;

$\quad\quad Q_i$——i 巷道的风量, m^3 / s。

（2）风量平衡定律

$$\sum Q_j = 0$$

式中　j——通风网路节点编号,流入节点的风量取正,反之取负。

（3）风压平衡定律

$$\sum h_k = 0$$

式中:$k = 1, 2, 3\cdots, n$。k 为独立闭合网路编号,风流顺时针流动时风压取正,反之取负。

对于采空区内部,风流通过采空区流动状态,一般情况下属层流,而层流状态下风流流动的阻力定律是:

$$H_L = R_1 Q_{漏}^2$$

式中　H_L——L 漏风通道两端的压差,Pa;

$\quad\quad L$——通过采空区的漏风通道编号;

R_1——1 漏风通道的风阻，$N \cdot s^2/m^8$；

$Q_漏$——通过 1 漏风通道的风量，m^3/s。

根据上述公式可知，要改变采空区内部漏风状态，针对不同情况，可以通过 3 种方法实现：

① 在采空区内部漏风通道风阻不变的条件下，降低采空区两端压差，即 $H_L \rightarrow 0$。

② 在采空区内部漏风通道两端压差 H_1 不变的条件下，增加采空区内部漏风通道的风阻（如向采空区灌浆、漏风通道喷浆、堵漏增阻），即 $R_1 \rightarrow \infty$。

③ 通过改变漏风通道的风量，因 $h = R \times Q^2$，Q 变化，h 随 Q^2 变化，h_1 正比于 h，而 $Q_漏$ 与 h_1 成正比，即 $Q_漏$ 正比于 Q^2，所以巷道风量变化，可以使采空区漏风状态发生变化。

7.3.2　老空区有害气体综合防治

（1）增压通风

根据生产需要，在回风巷构筑 2 道调节风门，通过增压提高工作面风压，降低工作面与采空区的风压差，控制采空区风流流动方向和速度；适当调整工作面风量，降低采空区漏风通道的漏风量。

回风巷调节风窗的断面积：

$$S_窗 = \frac{QS_净}{Q + 0.759\sqrt{H}}$$

式中　$S_窗$——调节风窗面积，m^2；

Q——工作面风量，m^3/s；

$S_净$——巷道净断面，m^2；

H——调节风窗通风阻力，Pa。

（2）增阻堵漏

对于漏风地段，铺设双层金属网片，网片中间夹 1 层风筒布与网片连接固定，同时每小班采用码煤袋封闭及草泥抹面漏风措施，增加采空区内部漏风通道的风阻，降低采空区漏风通道的漏风量。

（3）灌浆隔离

两平巷掘巷阶段采用喷射混凝土封闭。在回采过程中,对于平巷的局部漏风地段,施工高位灌浆钻孔,进行灌浆充填。同时在工作面回风巷预埋钢管,对采空区自燃带遗煤进行灌浆充填,加速采空区冒落煤岩的胶结,增加采空区的气密性,增大采空区漏风通道的风阻,在工作面外围形成 1 条宽度 20 m 的灌浆隔离带,彻底隔离外围采空区的干扰。预计需灌浆量:

$$M = BLh\eta\rho k$$

式中　M——灌浆量,m³;

B——工作面斜长,m;

L——充填宽度,这里取灌浆钻孔扩散范围的经验值,30 m;

h——工作面回采厚度,m;

η——回采率,%;

ρ——煤的密度,取 1.35 m³/kg;

k——灌浆系数,m³/t,取 0.03~0.05。

7.3.3　加强密闭管理与监测

由于治理区域掘进过程中不可避免遇到许多支巷,这些支巷需要进行密闭处理,以保证治理区域工作面的正常通风。

日常应加强这些密闭的管理,确保密闭工程质量,防止老空区有害气体溢出。

对采空区通过的联巷密闭经常进行检查,发现问题及时处理。

按照通风质量标准要求及时封闭与采空区相通的联巷,对受采空区压力影响受损坏的密闭进行加固、堵漏处理,防止采空区漏风及有害气体溢出。

7.4　火灾监测与防治预案

原左云县水窑乡大路坡村三号井煤矿 11 号煤层检验报告,煤的吸氧量 1.12 cm³/g,自燃倾向性等级为Ⅰ级,自燃倾向性为容易自燃。

由于针对上覆煤柱采取的是切割成小煤柱最后分阶段切顶爆破的治理方式,治理后的采空区遗留煤量仍然较大,矿方需要加强对煤层自然发火的监测。

治理工作面后退式切顶过程中,采用束管监测系统、人工监测等监测手段,在井底机电硐室、采区水泵房、消防材料库等硐室布置泡沫灭火器、二氧化碳灭火器等灭火设备。对于潜在的自然发火高温区域,需要采取应急防火措施。

7.4.1　解危区域通风方式、解危速度与自然发火关系

解危区域工作面设计采用一进一回的通风方式,采用后退式切顶治理方式,有效减少了采空区漏风,防止采空区遗留浮煤氧化、发热和自燃。

选择合理的解危推进度,防止浮煤自燃。采空区按煤层自燃条件分为散热带、氧化带和窒息带。对于回采工作面来说,在外部条件不变的情况下,散热带和氧化带的宽度只在一个有限范围内波动,并随工作面一起推进。采用综合机械化采煤设备,加快工作面推进速度,在时间上、空间上减少煤炭在氧化带内暴露的时间,有效地防止煤炭自燃。

解危工作面设计一个治理块段相当于推进 30 m,每月完成 3 个治理块段,相当于月推进 90 m。按氧化带与窒息带界限位于工作面后方 20 m 处,氧化带宽度 10 m 考虑(三带划分需要专门测定),自然发火期内要求工作面能够推过 10 m,即最短自然发火期 1 个月(暂按此考虑)内工作面推过 10 m。目前的设计治理推进

速度完全能够满足要求。

7.4.2　火灾监测方案

（1）束管监测

矿井火灾束管监测系统能够对监测地点的 CO、CO_2、CH_4、O_2、C_2H_4、C_2H_2、C_2H_6、N_2 气体含量变化趋势做出分析，从而对煤炭自然发火标志气体 C_2H_4、C_2H_2、C_2H_6 及灭火标志气体 N_2 提前进行预报，对及时预测预报工作面自然发火具有重要的意义。某矿井火灾束管监测系统布置如图 7-4-1 所示。

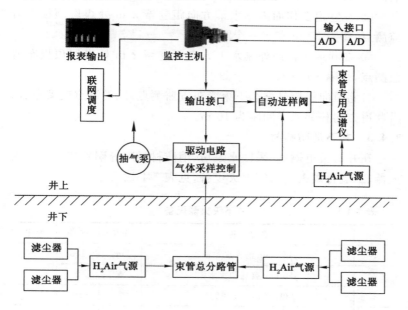

图 7-4-1　某矿井火灾束管监测系统布置示意图

束管监测系统采用抽气的方式将工作面进风巷、回风巷两端、上隅角及有高温区域的气体采集到地面实验室，并通过气相色谱仪进行分析。

（2）人工监测

根据初步分析，治理工作面容易发生自燃的部位是平巷的顶煤、两帮煤体以及新形成的采空区。由于主要自燃指标气体如 CO、C_2H_4 等都比较轻，在较高位置的浓度相对较大。因此，人工监测点顶板钻孔布置在煤层顶板以上。

测点布置如下：

① 在巷道中线处巷道顶板以上 2 m 左右（进入岩层）布置监测点，每隔 30 m 布置一个测点。

② 在巷道工作面内侧水平方向距巷帮 2 m 处煤层顶板布置监测点，每隔 30 m 布置一个测点。

③ 在巷道工作面外侧水平方向距巷帮 2 m 处煤层顶板布置监测点，每隔 30 m 布置一个测点。

自巷道向煤层打钻孔下束管布置监测点，三类测点交叉布置，沿巷道方向相邻测点间距为 10 m。

7.4.3　井下消防器材

在井底机电硐室、采区水泵房、消防材料库等硐室布置泡沫灭火器、二氧化碳灭火器等灭火设备，见表 7-4-1。

表 7-4-1　　　　　　　　　　井下灭火器配备

序号	备品名称	单位	数 量	附注
1	$\phi50$ mm 消火水龙带	m	100	
2	$\phi50$ mm 普通消火水枪	支	2	
3	$\phi89/57$ mm 变径管节	个	10	
4	$\phi50$ mm 喷嘴	个	10	
5	消火阀门生柱	个	1	
6	斜喷消火阀门	个	2	
7	$\phi50$ mm 垫圈	套	12	

表 7-4-1(续)

序号	备品名称	单位	数量	附注
8	管钳子	把	3	
9	平板锹	把	3	
10	10 L 泡沫灭火器	台	25	
11	CO_2 灭火器	台	10	
12	8 kg 干粉灭火器	台	10	
13	1211 灭火器(2 L)	台	4	
14	喷雾喷嘴	台	4	
15	泡沫灭火器起泡药瓶	个	50	
16	灭火岩粉	kg	50	
17	接管工具	套	1	
18	ϕ15 mm 胶管	m	100	
19	ϕ10 mm 胶管	m	100	
20	麻袋或塑料编织袋	条	100	
21	砖	块	500	
22	沙子	m^3	2	
23	铁钉(2″、3″、4″)	kg	10	

7.4.4　解危治理块段防灭火措施

11^{-2} 煤层属易自燃煤层,为确保安全,设计相应的综合防灭火措施。

防灭火技术措施主要有黄泥灌浆、注氮防灭火、注阻化剂、叠土袋墙、加快工作面推进度、及时充填地表裂隙等方法。

7.4.4.1　黄泥灌浆防灭火

(1)设计依据及说明

依据《煤矿安全规程》规定,自燃煤层必须设计综合防灭火措施。在正常情况下以其他防灭火措施为主,当工作面回风流中

CO 浓度出现大于 24 ppm 时,必须及时设置黄泥灌浆系统。

（2）灌浆系统的选择

该矿井采取集中灌浆系统,矿井属于容易自然发火矿井,灌浆量大。这种系统工作集中,便于管理,效率高,占地较少,虽然初期投资较大,但能够长期使用。本地区虽黄土资源丰富但考虑到为节省土地,保护环境,还应积极推广利用粉煤灰作为主要灌浆材料。

（3）灌浆方法的选择

在工业场地建一个灌浆站,负责全矿井各盘区的灌浆及注砂任务。在灌浆站内设有泥浆搅拌池、清杂物等建筑物。

灌浆方法采用生产中通常采用的采空区灌浆方法,即在回风平巷敷设管路,并用胶管接短钢管（预埋采空区内）,随着工作面的推进隔一定距离拔管一次,每次灌到下平巷能见到水为止,并要求随采随灌。当远离管口的地方灌浆效果不佳时,可采用洒浆的方法从工作面向采空区喷洒泥浆。

无论采用哪种灌浆方法,都要求能在采空区底板形成 5 cm 左右的泥浆,以防止浮煤氧化自燃。

（4）参数计算及选择

本矿井工作制度设计为"四六"制,每天灌浆时间按 12 h,全年工作天数为 330 d,洒浆尽量在检修班完成。

按灌浆防火技术规范规定的矿井注浆量计算公式:

$$Q_w = \frac{kG(\delta + 1)M}{r_c t}$$

式中　Q_w——矿井注浆量，m^3/h；

　　　k——灌浆系数,取 0.05；

　　　G——矿井日产煤量,按 1.1 系数取 2 000 t；

　　　δ——水土比,按经验取 3；

　　　M——浆液制成率,取 0.9；

r_c——煤的密度,取 1.4 t/m³;

t——矿井日注浆时间,取 6 h。

经计算 Q_w＝42.86 m³/h。

本地有较为丰富的砂土资源,所以主要灌浆材料以砂土、黄土为主,添加稠化悬浮剂,注胶时加入胶凝剂材料。考虑存贮 2 050 m³ 砂土、黄土(面积 30 m×20 m)和 20 t 胶凝剂作为系统消耗材料。

(5)泥浆的制备

灌浆用砂土、黄土采用外购方式,存放在灌浆站附近储土场内。灌浆、注胶站内采用 LW521F 型 5 t 轮式装载机进行机械取土。

灌浆站设在工业场地主井附近,水源水由水泵房经水管送入高压水枪内,用水枪冲刷表土制成泥浆,然后经泥浆池流入灌浆管路由主斜井进入井下。

(6)灌浆设备

灌浆、注胶主要设备(推荐)有:定量送料机(GD65×300、40 m³/h)、胶带输送机(带宽 500 mm、50 m³/h)、胶体制备机(ZLJ-60、60 m³/h)、滤浆机(LJ-60C、60 m³/h)、煤矿用灌浆机(ZHJ-5/1.8G、5 m³/h、1.8 MPa)、渣浆泵(4/3C-AH、80 m³/h)、悬浮剂添加机(CT20/60、20～100 kg/h)、化工泵(ZM-0.5/H、1 300～6 500 kg/h)、清水泵(IS80-50-200、60 m³/h)、排污泵(WQ15-20-3、15 m³/h)和钻具(KHY-50/38)。

综合灌浆、注胶系统:由浆料储存场地、浆料定量、计量、输送系统、连续式定量制浆系统、地面外加剂添加系统、过滤搅拌系统、输浆管网系统和井下外加剂添加系统构成。

7.4.4.2　氮气防灭火

目前国内煤矿所采用的氮气防灭火主要有 4 种:地面固定式制氮装置系统、地面移动式制氮装置系统、井下固定式制氮装置系统和井下移动式制氮装置系统。根据工作面实际情况选用制氮装置系统。

设计采用埋管间隙式注氮方式,即在采空区拟处理区域埋入注氮管路注入一定量的氮气后停止注氮,考察氮气在该区域内的滞留时间,随着氮气的泄漏,采空区内的氧气浓度会逐渐回升,当氧气浓度回升至自然发火的临界氧浓度之上时,开始新一轮的注氮;当注氮口推移到氧化危险带以外而进入"窒息带"时,启用下一个注氮口,如此重复。

注氮系统采用 DM1000/10 注氮机系统进行注氮,设备采用固定安装于解危区域右翼,通过 4 英寸管路敷设至工作面进风巷迎头。

注氮路线:井下注氮站→解危区域进风巷→采空区。

注氮管路敷设:从注氮泵站敷设 4 英寸管路沿进风巷敷设至解危工作面。

注氮办法:随着工作面推进在机轨合一巷右帮 1 m 高度处安装两趟 108 mm 埋线管,每天检修班通过钢丝软管与巷道左帮的注氮主管进行连接实现采空区注氮,采空区两趟管路通过迈步式断管使用,确保注氮管路出口在采空区 30～50 m 处。首次推进在巷道推进 30 m 完成一个治理块段后开始注氮。

注氮时间:注氮需每天注氮一次,注氮量根据回采工作面日推进速度进行注氮,根据推进 30 m,推进空间约 6 750 m³,每天检修班注氮 4 h,注氮量 3 000 m³。

7.4.4.3 阻化剂

通过对上下隅角喷洒阻化剂实现上下隅角落煤与氧气隔绝。在上下隅角各安装一套 WJ-24 型阻化剂喷雾泵,对治理块段进行阻化剂喷洒,宽度 30 m。

制定突发性火灾的应急措施:

① 井下工人加强培训,掌握应急技术措施,防止突发性自燃

事故扩大和引起人员财产的重大损失现象。

②任何人发现有自燃的异常现象,应首先向领导汇报,疏散工作面人员,并及时地接通水源实施防灭火措施。

③各巷道预设消防水管,并准备一些消防水龙带,发现异常及时洒水灭火。

7.4.5　解危完成后的防灭火措施及永久密闭构筑设计

普通工作面结束 15 d 内,对工作面采空区进行封闭,封闭后进行注浆。

解危工作面采完后,在运输、回风平巷等处砌筑密闭。要求密闭内注满砂,每个密闭 10 m 长,注砂量约 270 m³。正常注砂要求在 3 h 之内注完一个密闭,非正常情况下要求能在 2 h 之内注完一个密闭。

为了杜绝或减少工作面及采空区漏风,工作面治理后应对采空区及时封闭。对于布置在煤层中的巷道,如产生裂隙,应采取锚喷支护或二次喷射混凝土进行封闭,以防止漏风、煤层氧化自燃。

①工作面结束后,对工作面采空区进行封闭,封闭时对采空区有浮煤的地方能够洒岩粉的全部覆盖岩粉。

②在通往采空区的所有联巷内和停采线以内的巷道中撒布岩粉。

③加强防火密闭的施工管理,确保密闭工程质量。

④对采空区通过的联巷密闭经常进行检查,发现问题及时处理。

⑤按照通风质量标准要求及时封闭与采空区相通的联巷,对受采空区压力影响受损坏的密闭进行加固、堵漏处理,防止采空区漏风。

⑥发现自然发火预兆时,立即报告调度室和通风部门,采取措施进行处理。

对解危结束后的采空区进行永久密闭结构设计,密闭位置应在确保安全施工的条件下使封闭范围尽可能小,尽可能靠近火源和采空区,密闭位置应选择在动压影响小、围岩稳定、巷道规整的巷段内,密闭外侧离巷口应留有 4～5 m 的距离。

① 密闭结构包括墙体和辅助设施,密闭的墙体必须具有足够的承压强度、足够的气密性和足够的使用年限,能满足指定的特殊使用性能;密闭的辅助设施应根据需要配齐。

② 永久密闭采用不燃性建筑材料。

③ 永久密闭要求墙体结构稳定严密、材料经久耐用,墙基与巷壁必须紧密结合,连成一体。永久密闭一般采用掏槽结构,也可采用锚杆注浆结构。煤巷密闭必须掏槽,掏槽深度为见实体煤后 0.5 m,顶槽深度为见实体煤后 0.3 m,底槽深度为见实体煤后 0.2 m,掏槽深度大于墙厚 0.3 m;岩巷不要求掏槽,但必须将松动岩体刨除,见硬岩体。

④ 墙身应选用高强度材料砌筑或浇筑,且有足够的厚度,墙面覆盖层厚度应大于 20 mm。

⑤ 对密闭有防爆要求时宜选用沙袋密闭作缓冲墙,再建筑永久密闭。

工作面永久密闭构筑设计如图 7-4-2 所示。

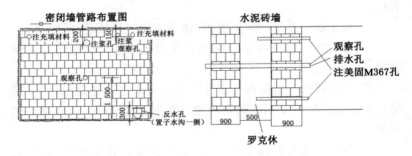

图 7-4-2　工作面永久密闭构筑设计

7.5　采空区积水防治预案

7.5.1　老空水积水影响

矿井初步设计指出,井田矿井充水主要因素为上部采空区积水和侏罗系砂岩裂隙水,其次为断层导水,岩溶水对煤层开采影响小。侏罗系砂岩裂隙水单位涌水量 q 为 $0.001\sim0.34$ L/s·m,渗透系数为 $0.035\sim0.85$ m/d。7 号、8 号、11^{-2} 号、11^{-3} 号煤层采空区积水彻底查清困难,对采掘工程存在威胁,对矿井安全影响小;防治水的工作较为简单。根据《煤矿防治水规定》中煤矿矿井水文地质类型表的划分,本井田水文地质类型为中等。

大路坡煤矿及周边 2 号、3 号、7 号、8 号煤层由于早期开采混乱,部分保安煤柱遭到破坏,使上覆各煤层采空区经过长期的日积月累,普遍存有一定积水,但由于时间久远,资料缺失,致使采空积水情况难以彻底查清。根据《煤矿防治水规定》提供的公式,结合本矿煤系地层岩性较为坚硬的实际情况,计算各煤层开采后所引起的导水裂隙带高度,可以看出本矿煤层导水裂隙带高度均大于煤层间距,故上覆各煤层采空区积水向 11 号以下煤层采空区传导性强。其他各煤层正常开采时涌水量不大。采空多年后也会在低洼处积存一定量的积水,因各煤层导水裂隙带高度均大于上一煤层最小间距,故而 2 号、3 号、7 号、8 号煤层采空区积水大多通过层导水裂隙带导入 11 号以下煤层采空区,致使 11 号煤层有采空区积水增多。因此采空区积水是本矿 11^{-2} 号煤层巷道掘进时的最大隐患,11^{-2} 号煤层巷道掘进时应坚持"有掘必探"的原则。

7.5.2　矿井涌水量

本矿开采侏罗系煤层(11^{-2} 号、11^{-3} 号、12 号、14 号煤层),年产量为 45 万吨/年,日产量为 1 364 t,矿井最大富水系数为 0.17 m³/t,一般富水系数为 0.04 m³/t(来源于整合前三个矿井 2005

年资源/储量核查报告的平均值）。采用比拟法计算如下：

富水系数计算公式为：

$$K_p = Q/P$$

式中，K_p 为富水系数，指同一时期（一天）矿井的排水量 $Q(m^3)$ 与开采量 $P_{(t)}$ 之比。

$$Q_{一般} = 0.04 \times 1\ 364 = 54.56\ (m^3/d)$$

$$Q_{最大} = 0.17 \times 1\ 364 = 231.88\ (m^3/d)$$

上述预算的矿井涌水量可能在遇有破坏性构造时或随着今后矿井开采范围的逐渐扩大，矿井涌水量也会增大。

根据《煤矿防治水规定》，$Q_1 < 180\ m^3/d$，$Q_2 < 300\ m^3/d$，可确定本分项矿井水文地质类型划分为简单。

7.5.3 突水量

本矿 11^{-2} 号、11^{-3} 号、12 号、14 号煤层底板最低标高分别为 1 420 m、1 415 m、1 395 m、1 375 m，均高于岩溶裂隙水水头标高，岩溶裂隙水对本井田煤层开采影响小。

井田内煤层开采从未突水，本分项矿井水文地质类型划分为简单。

7.5.4 探放水及防水害措施

7.5.4.1 探放水原则

① 采煤工作面必须坚持"有掘必探，先探后掘（采）"的原则。当采掘工作面有突水征兆时必须进行超前探水。

② 工作面，发现有异常征兆和有可能突水处时，要及时探水。

③ 开采邻近煤层时，必须在工作面平巷巷道内采用探放水钻机对上覆煤层采空区积水进行探放，并针对具体的情况制定详细探放措施，并报矿总工程师批准。

7.5.4.2 探放水及防水害措施

① 回采期间加强对工作面涌水量的观测，发现异常立即汇报处理。

② 生产过程中发现涌水量超过一定限度有突水征兆时,要及时向矿调度等有关部门或领导汇报,并立即采取措施处理。

③ 加强对作业人员的培训工作,要求每个作业人员必须掌握突水预兆、避灾的基本常识和避水灾路线。

④ 布置监测点。每个回采工作面布置适当数量的监测点,配置底板突水监测仪,建立地下水动态监测网。

⑤ 涌水时,主辅运巷水窝内的水泵必须全部开启。辅运巷的开泵人员必须在水窝的外侧,如果发现水窝处巷道将完全被水封堵后,开泵人员停电后撤出,水泵的开关必须放置在水窝外侧的巷道最高处。

⑥ 工作面人员发现工作面涌水太大,流入辅运巷的水流控制不住,辅运巷低洼处将要被水完全封堵时,立即将工作面电源从开关群停掉后,从工作面沿主运巷撤出。

⑦ 当工作面在回采期间、经过物探后确定是富水区时,工作面底板必须成一个坡度,以便可能出现的涌水顺利流入主运巷。

⑧ 在工作面回采期间,工作面底板必须找平,工作面内严禁有可能造成积水的低洼处,防止工作面溜子拉水煤而造成主运巷埋胶带或窜仓事故。

7.5.4.3 探放水方案

由于解危区域始终处于煤柱切割状态,每 30 m 边界巷道相当于回采工作面,在该区域进行探放水,方案与掘巷时方案一致,每组控制约 50 m 范围,150 m 宽解危区域共需施工 3 组,每 30 m 进行一次。

出现下列情况之一,可视为终孔:

① 钻孔在钻进过程中出水,且水压、水量较大;

② 钻孔漏水且出现卡钻,无法继续钻进;

③ 孔深达到设计深度。

钻进循环水及探出的积水均进入钻场附近的临时水窝,由

D-46 水泵经 4 英寸排水管路排入主水仓。D-46 水泵共 2 台,其中 1 台使用,1 台备用。

7.6 避灾路线

7.6.1 治理块段冒顶时的避灾路线

在治理块段边界巷道安装通信系统:边界巷道中部、巷道头、尾各安装固定电话一部,随时可以和调度室以及地面取得联系。

冒顶事故发生后,必须立即组织营救灾害人员,组织撤离或采取有效的措施保护危害区域的其他人员,并立即向调度室汇报,汇报事故的性质、影响范围及受灾等情况。营救行动必须迅速、准确、有序、有效地实施现场急救与安全转送伤员,并指导或组织人员采取各种措施进行自身防护、自救互救。

发生冒顶事故避灾路线如图 7-6-1 所示。发生冒顶事故后的避灾路线为:

① 治理块段→回风平巷→11^{-3} 煤层回风大巷→主斜井→地面。

② 治理块段→进风平巷→11^{-3} 煤层轨道大巷→11^{-3} 煤层甩车场→副斜井→地面。

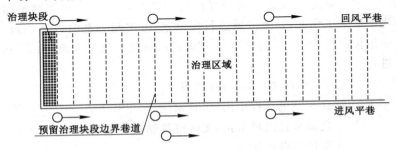

图 7-6-1　冒顶事故避灾路线

7.6.2　治理块段发生水灾时的避灾路线

井下设计采取探、封、堵、排等综合防治水措施,并在井下应设置防水闸门、防水密闭门等措施,可有效地防止井下水灾的发生,并且一旦井下发生水灾,能够确保主排水系统的正常运转和井下人员的安全撤离。

发生水灾事故时的避灾路线如图 7-6-2 所示。水灾避灾路线为:

① 治理块段→回风平巷→11^{-3}煤层回风大巷→主斜井→地面。

② 治理块段→进风平巷→11^{-3}煤层轨道大巷→11^{-3}煤层甩车场→副斜井→地面。

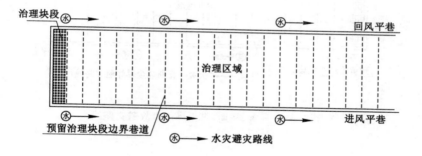

图 7-6-2　水灾事故避灾路线

7.6.3　治理块段发生火灾和瓦斯爆炸时的避灾路线

设计针对防治火灾,在井上、下均设置消防材料库并配备了足够的消防器材;井下机电设备硐室采用阻燃性材料支护,其通路中和硐室间均按规定设置了密闭门或防火门,在硐室内配备有足够数量的灭火器材;井下设置有完善的消防洒水系统;矿井设计采用注氮防灭火、洒阻化剂等措施来防止煤层自燃。

通过采取上述措施,可有效地防止矿井火灾的发生,并且一旦井下局部发生火灾,能够及时地在火灾初期时将其扑灭或隔绝火源,防止火灾蔓延,为灭火工作创造有利条件,也能使井下人员按设计的避灾路线安全地撤离灾区。

发生火灾、瓦斯、煤尘爆炸避灾路线如图 7-6-3 所示。发生火灾、瓦斯、煤尘爆炸避灾路线为:

治理块段→进风平巷→11^{-3}煤层轨道大巷→11^{-3}煤层甩车场→副斜井→地面。

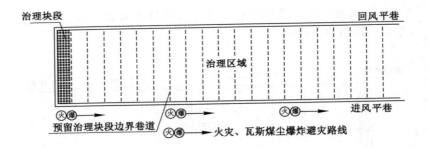

图 7-6-3 火灾、瓦斯、煤尘爆炸事故避灾路线

7.7 本章小结

① 巷道掘进安全保障技术包括使用 KDZ 巷道超前探测仪、钻孔窥视仪,注浆加固冒落区围岩,编制掘巷超前探放水作业规程,进行巷道矿压监测。瓦斯防治预案包括解危区域瓦斯防治措施、预防矿井瓦斯爆炸措施;老空区有害气体监测防治预案包括通风网络增压调节、老空区有害气体综合防治、加强密闭管理与监测、火灾监测与防治预案。

② 通过分析解危区域通风方式、解危速度与自然发火关系，编制火灾监测方案和解危治理块段防灭火措施，设计永久密闭构筑。分析了老空水积水影响，预测矿井涌水量和突水量，编制探放水及防水害措施、治理块段冒顶、水灾、瓦斯爆炸时的避灾路线。

8 综采工作面过底板残留巷道回采实践

8.1 综采工作面过空巷期间矿压显现规律

晋神沙坪煤业有限公司 18201 工作面在 2015 年 8 月 9 日,推进至距主回撤通道 584 m 时机头段底板下沉出现空洞,发现下方底板空巷。为确保能够安全通过,沙坪煤矿对下方空巷迅速采取了密集木垛支护,同时还与相关科研单位合作,科学论证了工作面过底板空巷的可行性,并提出了一系列确保工作面安全通过的技术方案和安全技术措施。

在 2015 年 9 月 11 日,18201 工作面再次恢复生产,在采取了快速推进、一次性通过空巷、加强矿压观测和初撑力管理、及时填充塌陷下沉区等一系列措施后,综采工作面分别在 9 月 14 日、9 月 16 日、9 月 18 日顺利通过了 2#、4# 和 6# 等 3 条平行空巷,并在 9 月 18 日早班完全通过了空巷区域,取得了 18201 工作面过底板空巷的圆满成功。除在最初通过原机头塌陷区的前 20 m 时发生过小范围的支架和机头下沉外,在此后的整个过程中,空巷区域内工作面底板未再发生明显下沉,说明此前的可行性论证较为合理,采取的技术措施较为得当。

8.1.1 原始曲线分析

根据尤洛卡支架压力记录仪监测的矿压数据,利用矿压监测系统的后处理软件得到各支架工作阻力曲线。从各支架工作阻力曲线上可以看出支架在压力监测期间的实时工作状态(如支架升降过程以及每个循环初末阻力大小、安全阀开启情况等)。安全阀开启值的大小直接影响到支架能否发挥出最大支撑能力。安全阀开启率和开启时间反映了工作面的压力显现情况,是决定安全阀寿命的重要因素。

18201 工作面过底板空巷期间各支架工作阻力曲线如图 8-1-1 所示。

由其工作阻力曲线可知,机头 $5^\#$ 至 $15^\#$ 支架以及机尾 $110^\#$ 至 $120^\#$ 支架无安全阀开启,压力显现缓和;$20^\#$ 至 $100^\#$ 支架有不同程度的安全阀开启现象。当支架初撑力过低时,支架出现急增阻。此时顶板快速下沉,支架工作阻力在短时间内急剧增大,支架处于被动受力状态,不利于顶板的控制。其中,$40^\#$ 至 $80^\#$ 支架安全阀开启尤为频繁,这说明该区域周期来压较为明显。通过现场观测发现,该区域内工作面煤壁多次出现片帮情况,片帮深度最大达到 $1.0\,\text{m}$ 左右,呈现的片帮特征为顶板压力所造成的倒墙压裂式片帮。在过 $2^\#$、$4^\#$ 两条平行空巷时,位于空巷区域的煤壁完整性均较好;而在平行空巷之外的 10 个支架范围内片帮较为严重。经分析认为:底板空巷对上方的煤壁具有一定的让压作用,而将顶板压力转移到空巷之外的邻近支架和煤壁上。这造成该范围内煤壁承受压力增大,片帮较为严重。

各支架安全阀开启率统计如表 8-1-1 所示。$20^\#$ 至 $100^\#$ 支架安全阀开启率平均为 15.2%;$40^\#$ 至 $80^\#$ 支架安全阀开启率平均为 23.5%;工作面支架安全阀开启率较高。其中,$50^\#$、$70^\#$ 和 $90^\#$ 支架由于受支架立柱漏液影响较为严重,所以没有统计这些支架的安全阀开启率情况。在统计范围内,存在立柱跑漏液现象的支架有 30 号、35 号、50 号、70 号、80 号、90 号支架,占到统计支架的 37.5%,工作面支架带病工作问题比较严重。支架带病工作使得

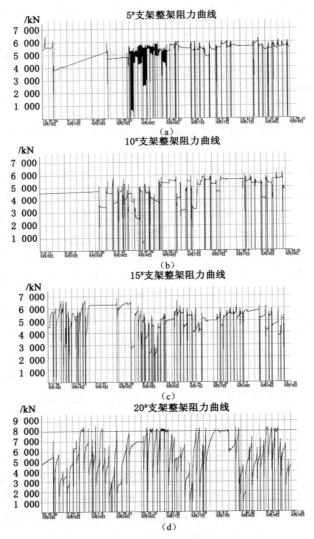

图 8-1-1　工作面各支架整架阻力曲线

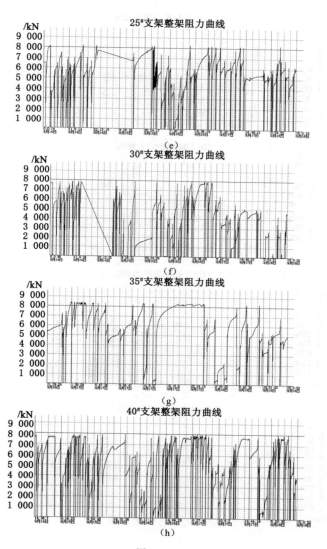

图 8-1-1　续

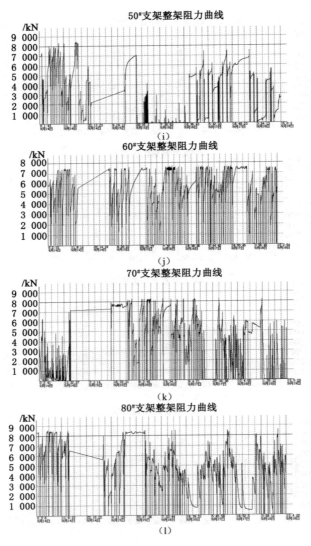

图 8-1-1　续

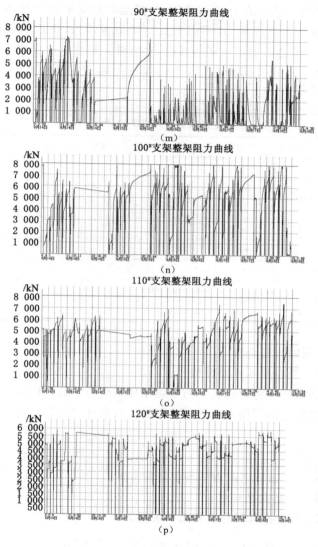

图 8-1-1 续

支架无法充分发挥自身的承载能力,甚至导致支架的承载能力降为 0,完全丧失支撑能力,不能有效支护顶板,防止顶板的快速下沉和离层,并会造成顶板来压强度增大,对支架造成一定的动载冲击,减少支架的使用寿命,因此建议在平时要加强支架的检修工作。

表 8-1-1　　　　　　　　各支架安全阀开启率统计

支架号	开启次数	统计循环数	开启率	支架号	开启次数	统计循环数	开启率
5	0	/	0	50	/	/	/
10	0	/	0	60	24	81	29.6%
15	0	/	0	70	/	/	/
20	11	57	19.3%	80	13	72	18.1%
25	3	60	5%	90	/	/	/
30	3	60	5%	100	3	67	4.4%
35	6	35	17.1%	110	0	/	0
40	19	83	22.9%	120	0	/	0

8.1.2　周期来压分析

8.1.2.1　周期来压步距分析

周期来压分析时以支架的平均循环末阻力与其 1 倍均方差之和作为判断老顶周期来压的主要指标。数据计算的公式为:

$$\sigma_P = \sqrt{\frac{1}{n} \sum_{i=1}^{n} (P_{ti} - \bar{P}_t)}$$

式中　σ_P——循环末阻力平均值的均方差;

　　　n——实测循环数;

　　　P_{ti}——各循环的实测循环末阻力;

　　　$\bar{P}_i$——循环末阻力的平均值,$\bar{P}_t = \frac{1}{n} \sum_{i=1}^{n} P_{ti}$。

顶板来压依据：

$$P'_t = \overline{P}_t + \sigma_t$$

由于受支架跑漏液影响，30#、35#、50#、70#、90# 支架有效的矿压数据缺失较多，对这些支架不进行周期来压分析，且在生产初期的 9 月 11 日至 9 月 13 日，工作面支架跑漏液的现象最为严重；另外，该段时期内支架压力数据采集不当也造成一定数据缺失。因此，此次周期来压分析选择 5#、10#、15#、20#、25#、40#、60#、80#、100#、110#、120# 支架在 9 月 14 日至 9 月 20 日期间的矿压数据进行分析。分析得出的各支架来压判据计算结果如表 8-1-2 所示。

表 8-1-2　　　　　　　　　支架周期来压判据

支架	循环末阻力/kN		
	平均阻力	均方差	判据
5#	5 691	342	6 033
10#	5 279	589	5 868
15#	5 454	658	6 113
20#	6 787	1 368	8 155
25#	6 344	1 242	2 589
40#	6 519	1 311	7 830
60#	6 785	528	7 313
80#	6 100	1 447	7 547
100#	6 001	1 574	7 525
110#	5 532	1 086	6 618
120#	5 178	256	5 434

5#、10#、15#、20#、25#、40#、60#、80#、100#、110#、120# 支架的循环末阻力分布分别如图 8-1-2(a)~(l)所示，图中横线为来压判据，虚线标注的为工作面来压时间点，两条虚线之间对应的工

作面推进距离即为该次周期来压的步距。

9月14日至20日每日推进度如表8-1-3所示。结合每日推进度计算各支架的周期来压步距,将结果统计整理汇总于表8-1-4。由表8-1-4得出18201工作面基本顶周期来压步距平均约为16.2 m,其中上部(机头侧)的约为17 m、中部的约为14.5 m、下部(机尾侧)的约为16.5 m。周期来压步距呈现中间小、两端大的规律,工作面中部来压较为强烈。

表 8-1-3　9 月 14 日至 9 月 20 日期间每日工作面推进度

日期	9.14	9.15	9.16	9.17	9.18	9.19	9.20
进尺/m	16.8	16	17.6	14.4	13.6	12.8	12.8

表 8-1-4　　　　工作面周期来压步距统计

位置		上部				中部			下部		
支架号		5	10	15	20	25	40	60	80	100	110	120
来压步距/m	1	16	24.8	25.6	14.4	17.6	20.8	16.8	17.6	16.8	25.6	20.8
	2	17.6	15.2	18.4	16.8	19.2	16	16	16.8	16	17.6	16
	3	20.8	12	14.4	12.6	/	9.6	17.2	16	17.6	14.4	12
	4	12	14.4	19.2	14.4	/	11.2	13.6	9.6	13.6	13.6	16.8
	5	/	/	15.2	/	/	/	13.6	/	19.2	16.8	15.2
	6	/	/	/	/	/	/	12	/	13	/	16
平均/m		16.6	16.6	18.6	14.6	18.4	14.4	14.8	15	16	17.6	16.1
阶段平均/m		17					14.5			16.5		
总平均/m		16.2										

8.1.2.2　周期来压期间动载系数分析

习惯上以动载系数 K 作为衡量老顶初次来压和周期来压强

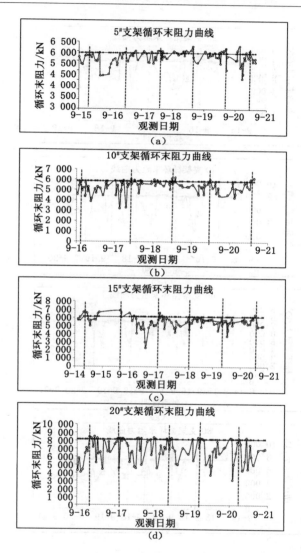

图 8-1-2　工作面各支架循环末阻力曲线

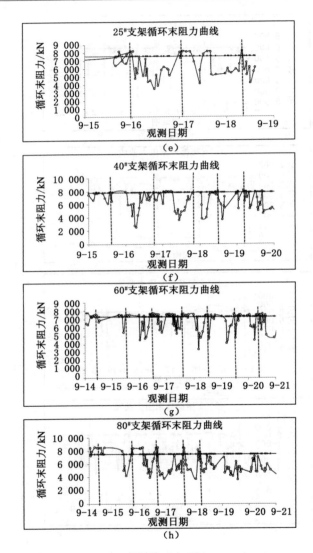

图 8-1-2 （续）

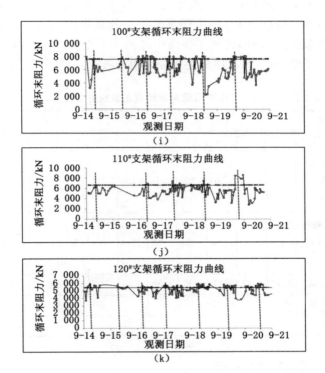

图 8-1-2 （续）

度的指标。动载系数一般用周期来压期间支架平均工作阻力与非周期来压期间支架平均工作阻力之比来表示：

$$K = \frac{P_z}{P_f}$$

式中　P_z——表示周期来压期间支架平均工作阻力，kN；

　　　　P_f——表示非周期来压期间支架平均工作阻力，kN。

周期来压期间工作面动载系数统计结果见表 8-1-5。动载系数沿工作面倾向方向分布折线图见图 8-1-3。根据统计结果可知，支架在来压期间平均动载系数为 1.21,来压较明显。其中,上部支架的动载系数为 1.15,中部支架的动载系数为 1.30,下部支架的动载系数为 1.16,说明工作面中部的 40# 至 80# 支架范围内来压较为强烈,机头和机尾侧来压较不明显。

表 8-1-5　　　　　工作面周期来压动载系数统计

位置	上部					中部			下部		
支架号	5	10	15	20	25	40	60	80	100	110	120
来压期间工作阻力/kN	5 561	5 317	5 300	6 809	6 318	6 898	7 227	6 487	6 154	6 142	5 444
非来压期间工作阻力/kN	4 840	4 738	5 038	5 808	5 269	5 310	5 608	4 957	4 982	5 319	4 956
动载系数	1.15	1.13	1.12	1.17	1.20	1.30	1.29	1.31	1.24	1.15	1.10
阶段平均	1.15					1.30			1.16		
总平均/m	1.21										

8.1.3　循环末阻力分析

支架循环末阻力是在一个循环内支架移架前的工作阻力,一般为本循环内支架的最大工作阻力。因此支架循环末阻力的大小能够反映支架工作阻力的发挥情况,而支架的循环末阻力频率分布则能够很好地反映工作面压力显现情况以及在所统计的时间范围内支架的工作状态是否在合理的工作区间。现通过分析支架循环末阻力的大小及在各阻力区间的频率分布来判别支架的适应性和工作面矿压显现情况。

工作面各支架平均末阻力的统计如表 8-1-6 和图 8-1-4 所示。工作面各支架平均末阻力为 5 970 kN(30 MPa),占额定工作阻力

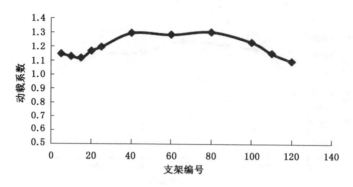

图 8-1-3　工作面初次来压期间各支架动载系数分布

(8 000 kN)的 74.62%。支架额定工作阻力得到较好发挥,且留有足够富裕,支架适应性较好。工作面各支架循环末阻力整体呈现中部大、两端小的特点,这与工作面中部来压强烈的现象相符。

表 8-1-6　　　工作面各支架平均循环末阻力统计

架号	5	10	15	20	25	40	60	80	100	110	120
平均末阻力/kN	5 691	5 279	5 454	6 787	6 344	6 519	6 785	6 100	6 001	5 532	5 178
总平均/kN	5 970										
占额定工作阻力百分比	74.62%										

　　工作面各支架循环末阻力在不同阻力区间内的频率分布情况如表 8-1-7 所示,工作面支架整体循环末阻力频率分布直方图如图 8-1-5 所示。由表 8-1-7 和图 8-1-5 可知,工作面支架循环末阻力主要分布在 4 000～8 000 kN 范围内,其中 5 000～6 000 kN 区间占到 41.63%,支架循环末阻力的频率分布整体较为合理,支架

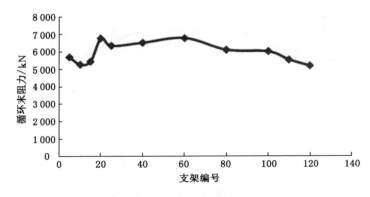

图 8-1-4   面沿倾斜方向各支架平均循环末阻力分布

的额定工作阻力能够满足周期来压期间工作面的支护要求。而位于 8 000～9 000 kN 区间,即超过支架额定工作阻力的循环末阻力仅占到 6.21%,支架安全阀开启频次在合理范围内,说明在周期来压期间,支架能够充分发挥其支撑能力。其中 20# 至 100# 支架在 6 000～9 000 kN 区间所占的比例较大,均在 50% 以上,而 5# 至 15# 和 110# 至 120# 支架所代表的机头机尾区域的支架循环末阻力主要分布在 4 000～6 000 kN 区间内,说明工作面 20# 至 100# 支架范围内矿压显现较为强烈。

表 8-1-7   工作面各支架循环末阻力频率分布统计

架号	0～1	1～2	2～3	3～4	4～5	5～6	6～7	7～8	8～9
	×1 000 kN								
5#	0.94%	0.00%	0.00%	0.00%	5.66%	70.75%	22.64%	0.00%	0.00%
10#	0.92%	0.00%	0.00%	3.67%	19.27%	69.72%	6.42%	0.00%	0.00%
15#	0.75%	0.00%	0.75%	1.49%	17.91%	67.16%	11.94%	0.00%	0.00%
20#	0.00%	0.93%	0.00%	1.85%	11.11%	12.96%	23.15%	20.37%	29.63%

表 8-1-7(续)

架号	0~1	1~2	2~3	3~4	4~5	5~6	6~7	7~8	8~9
	×1 000 kN								
25#	0.00%	1.43%	0.00%	2.86%	7.14%	31.43%	24.29%	15.71%	17.14%
40#	0.00%	0.75%	1.49%	2.99%	8.21%	23.13%	18.66%	41.79%	2.99%
60#	0.79%	0.00%	0.00%	0.79%	8.66%	11.81%	18.90%	59.06%	0.00%
80#	0.00%	0.80%	0.00%	3.20%	18.40%	32.00%	14.40%	16.00%	15.20%
100#	0.00%	0.85%	1.69%	4.24%	12.71%	30.51%	16.95%	31.36%	1.69%
110#	0.00%	0.85%	1.71%	6.84%	19.66%	39.32%	24.79%	5.13%	1.71%
120#	0.68%	0.00%	0.00%	2.74%	27.40%	69.18%	0.00%	0.00%	0.00%
平均	0.37%	0.51%	0.51%	2.79%	14.19%	41.63%	16.56%	17.22%	6.21%

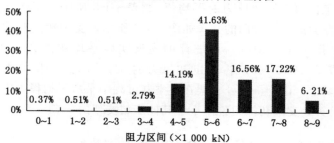

图 8-1-5 工作面整体支架循环末阻力频率分布直方图

8.1.4 初撑力分析

支架的初撑力直接影响到支架的支护效果。合理的初撑力对防止顶板离层、工作面煤壁的片帮起着重要作用。为保证支架支护性能的发挥，支架的初撑力应该尽可能大一些。一般说来支架的初撑力能达到额定初撑的 80% 以上属于合理的范围。但是在过空巷期间,根据底板可能的破坏因素分析,支架自身初撑力以及顶板下沉作用到支架上的力是可能对底板造成破坏的最重要因素。因此为避免支架作用力对底板造成较大破坏,对于直接位于空巷上方的支架要求初撑力控制在 10～15 MPa,以平衡顶板控制、底板保护以及支架推溜三方面的需要。局部较低的初撑力虽然会造成该区域顶板下沉速度加快,但是支架增阻有一个过程,且机头、机尾往往是工作面矿压不显著区域,存在剧烈来压的可能性很小。因此这一措施在客观上仍起到了让压的作用,并能保证顶板不至于剧烈失稳,具备合理性。但为了控制整体顶板的稳定性,位于空巷之外的支架必须全部升紧,达到足够的初撑力,阻止顶板的离层下沉,并分担由于空巷区域支架初撑力低而产生的额外顶板作用力。

为了分析工作面支架初撑力的合理性,采取数理统计方法分析了工作面各架初撑力的平均值,如表 8-1-8 所示。工作面各支架初撑力沿倾向方向的分布如图 8-1-6 所示。支架额定初撑力为 6 410 kN(31.5 MPa),而统计的支架实际平均初撑力为 3 883 kN,折合 19.5 MPa,占额定初撑力的 61.6%,低于相关规定的 80% 要求。由于机头处支架在过空巷过程中采取了初撑力限制措施,机头处支架初撑力整体小于其他区域支架的。

表 8-1-8   工作面各支架平均初撑力统计情况

架号	5	10	15	20	25	30	35	40	50	60	70	80	90	100	110	120
平均初撑力/kN	3 471	3 652	3 721	3 518	4 153	3 862	3 316	3 835	4 106	4 232	4 156	4 306	3 309	3 868	4 070	4 559
总平均/kN	3 883															
占额定初撑力百分比	60.58%															

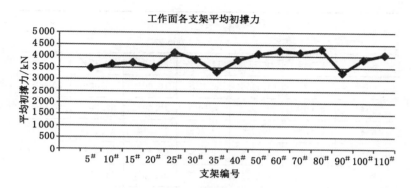

图 8-1-6 工作面沿倾向方向各支架平均初撑力分布图

工作面各支架平均初撑力频率分布如表 8-1-9 所示,工作面整体支架初撑力平均频率分布如图 8-1-7 所示。由图 8-1-7 可知,工作面支架初撑力主要集中在 3 000～5 000 kN 范围内,约占 60%,初撑力总体分布较为合理;初撑力位于 5 000～6 000 kN 区间,即达到 25 MPa 以上的部分所占的百分比仅为 16.74%,初撑力合格率仍偏低。

表 8-1-9 支架初撑力在不同区间分布统计

架号	0～1	1～2	2～3	3～4	4～5	5～6
	×1 000 kN					
5#	0.00%	0.00%	23.64%	69.09%	5.45%	1.82%
10#	0.00%	2.38%	16.67%	54.76%	23.81%	2.38%
15#	0.00%	3.45%	31.03%	32.76%	13.79%	18.97%
20#	1.54%	15.38%	15.38%	26.15%	30.77%	10.77%
25#	1.32%	3.95%	10.53%	21.05%	31.58%	30.26%
30#	1.33%	2.67%	22.67%	24.00%	33.33%	16.00%

表 8-1-9(续)

架号	0～1	1～2	2～3	3～4	4～5	5～6
	×1 000 kN					
35#	5.26%	19.74%	11.84%	26.32%	26.32%	11.84%
40#	2.22%	4.44%	6.67%	10.00%	20.00%	10.00%
50#	0.00%	10.00%	7.50%	10.00%	52.50%	20.00%
60#	0.00%	1.22%	12.20%	19.51%	47.56%	19.51%
70#	0.00%	6.76%	9.46%	28.38%	24.32%	31.08%
80#	0.00%	2.86%	8.57%	20.00%	44.29%	24.29%
90#	1.39%	11.11%	22.22%	38.89%	25.00%	1.39%
100#	2.47%	12.35%	9.88%	20.99%	32.10%	22.22%
110#	0.00%	3.80%	6.33%	32.91%	39.24%	17.72%
120#	0.00%	3.70%	1.85%	9.26%	55.56%	29.63%
平均	0.97%	6.49%	13.53%	27.75%	31.60%	16.74%

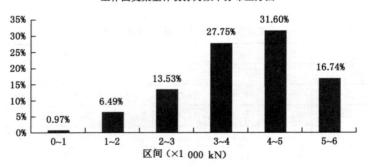

图 8-1-7　工作面支架整体初撑力频率分布直方图

8.1.5　支架工作阻力频率分布

支架工作阻力频率能够很好地反映支架的工作状态是否在合理的工作区间,进而判断支架的适应性。本次划分具体方法是按每个区间宽度为1 000 kN划分若干个区间,再统计支架工作阻力在各区间段占的百分比。选取18201工作面过空巷期间的矿压数据来统计各支架工作阻力频率分布特征,其具体统计结果如表8-1-10所示,工作面支架整体工作阻力频率分布如图8-1-9所示。

由表8-1-10和图8-1-9可知,工作面支架工作阻力主要分布在4 000～6 000 kN区间范围内,工作阻力频率分布整体呈正态分布,频率分布较为合理,支架具有较好的适应性。但由于个别支架立柱跑漏液问题较严重,工作阻力在0～1 000 kN区间内的频率也较高,这不利于支架支护性能的发挥。

表 8-1-10　　　　　　　　支架工作阻力频率分布

架号	0～1	1～2	2～3	3～4	4～5	5～6	6～7	7～8	8～9
	×1 000 kN								
5#	1.88%	0.00%	1.84%	1.39%	19.71%	74.31%	0.86%	0.00%	0.00%
10#	2.20%	0.25%	2.26%	16.96%	23.99%	54.22%	0.13%	0.00%	0.00%
15#	0.69%	0.12%	6.80%	5.69%	27.33%	51.13%	8.23%	0.00%	0.00%
20#	1.12%	2.75%	5.56%	9.93%	16.20%	19.90%	22.29%	13.43%	8.82%
25#	2.72%	1.39%	3.32%	6.57%	15.27%	34.92%	20.70%	14.30%	0.81%
30#	12.81%	2.35%	7.37%	11.85%	29.67%	16.60%	8.01%	11.32%	0.02%
35#	5.03%	5.05%	0.48%	3.29%	12.09%	24.62%	15.68%	13.93%	19.83%
40#	5.91%	7.51%	3.78%	6.54%	14.58%	16.22%	20.87%	24.57%	0.01%
50#	15.35%	6.98%	4.08%	10.81%	17.31%	18.07%	26.28%	0.86%	0.26%

表 8-1-10(续)

架号	0~1	1~2	2~3	3~4	4~5	5~6	6~7	7~8	8~9
	×1 000 kN								
60#	3.65%	0.97%	2.85%	6.52%	15.83%	25.00%	16.93%	28.25%	0.00%
70#	23.04%	4.37%	5.64%	6.91%	13.23%	16.68%	8.62%	18.55%	2.96%
80#	11.06%	5.61%	7.40%	13.91%	22.72%	14.89%	8.27%	3.33%	12.81%
90#	43.38%	13.62%	13.67%	10.96%	8.91%	9.23%	0.21%	0.02%	0.00%
100#	5.34%	5.67%	4.96%	6.32%	11.58%	25.79%	27.73%	12.62%	0.00%
110#	2.18%	2.54%	6.01%	14.55%	31.15%	27.64%	15.81%	0.11%	0.00%
120#	1.60%	0.72%	1.25%	23.29%	39.54%	33.60%	0.00%	0.00%	0.00%
平均	8.62%	3.74%	4.83%	9.72%	19.94%	28.93%	12.54%	8.83%	2.85%

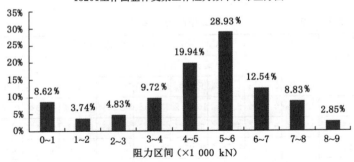

图 8-1-8　18201 工作面整体支架工作阻力频率分布直方图

8.2　空巷顶板压力与位移监测数据分析

在空巷内安装压力计和顶板位移计,用于及时了解空巷不同位置处顶板压力和下沉情况。压力计由锚杆测力计改装而成,被安装在特定位置处木垛的上部两层枕木之间。顶板位移计采用的是 GUW300 型矿用围岩移动传感器。为便于安装,将其固定在压力计附近两个木垛之间的道木上,并在上方顶煤上安装膨胀螺丝钉,用专用细钢丝绳与下方移动传感器相连。一个压力计对应一个位移计,一共安装 10 对,其在空巷内的分布情况如图 8-2-1 所示。并按照安装顺序进行了编号,其中 1 号至 5 号测点和 6 号至 10 号测点分别各用一趟主线路接入空巷立眼上方的分站和电源。

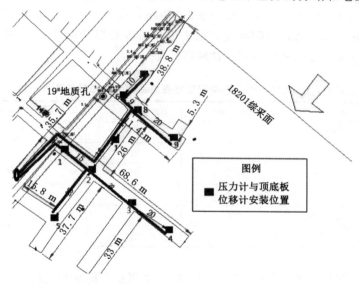

图 8-2-1　压力计与位移计在空巷内的安装位置

如图 8-2-1 所示,1# 空巷布置了一个测点,测点编号为⑦,距离 2# 空巷距离约 10 m;2# 空巷内布置 3 个测点,测点编号分别为⑥、⑧、⑨;3# 空巷内布置一个测点,位于 2# 和 4# 空巷的中间位置,编号为⑩;4# 空巷内布置 4 个测点,编号分别为①、②、③、④;6# 空巷和 3# 空巷的交叉口位置布置一个测点,测点编号为⑤。

由于空巷下方线路接线盒受潮发生短路等，个别测点信号传输到 9 月 15 日零点左右即发生中断，4# 空巷内 1 号测点的信号传输持续到工作面度过空巷后的 9 月 19 日，数据完整。分别选择有代表性的几个测点空巷顶板位移和压力曲线如图 8-2-2(a)～(f)和图 8-2-3(a)～(f)所示。

由图 8-2-2 和图 8-2-3 可知，工作面在空巷期间，对应空巷的顶板位移或下沉量最大不超过 4 cm，顶板最大压力不超过 5 kN。各测点位移和压力统计如表 8-2-1 所示。由表 8-2-1 可知，空巷顶板在工作面通过期间所受到的变形压力和变形量均较小，工作面在空巷上方回采时的安全性较高。

表 8-2-1　工作面过空巷期间空巷各测点最大变形量和压力统计

空巷编号	测站编号	最大变形量/mm	最大变形压力/kN
1# 空巷	⑦	14	1.6
2# 空巷	⑥	22	1.5
	⑧	36	2
	⑨	22	1.9
3# 空巷	⑩	6	2.2
4# 空巷	①	20	4.2

并且由表 8-2-1 可知，1# 和 3# 等垂直空巷的顶板位移和压力均小于 2# 和 4# 等平行空巷的，在工作面通过时所受的破坏更小，说明工作面在通过垂直空巷时的安全性更高。

由图 8-2-2 和图 8-2-3 中 2# 空巷内 6 号、8 号、9 号测站的位移和压力曲线可知，当工作面支架通过 2# 平行空巷正上方时，空巷顶板位移量和压力值均达到最大。当工作面完全通过平行空巷后，空巷顶板位移和压力又逐渐减小到某一较小值，说明空巷顶板岩梁所发生的变形有些是可以恢复的，即空巷顶板岩梁的所发生

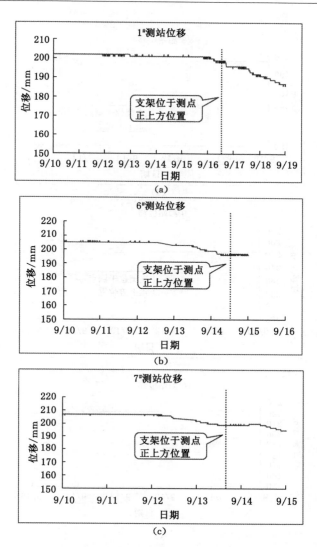

图 8-2-2 空巷各测站顶板位移曲线

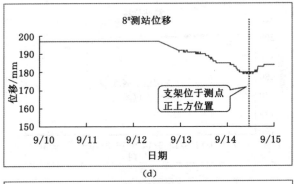

(d)

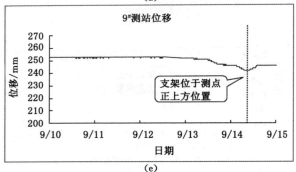

(e)

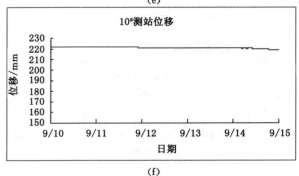

(f)

图 8-2-2　（续）

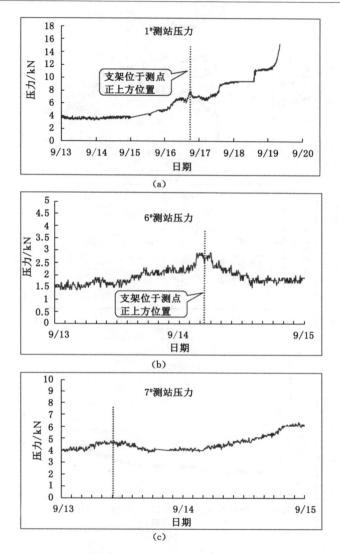

图 8-2-3 空巷各测站顶板压力变化曲线

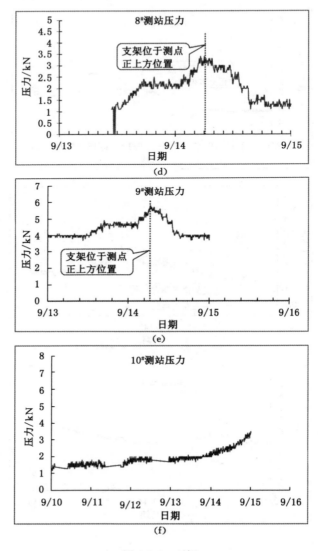

图 8-2-3 （续）

的部分变形为弹性变形。当工作面通过空巷过程中,工作面顶板通过支架传递给空巷顶板以一定的作用力,该作用力导致空巷顶板局部发生塑形破坏,并可能伴随有微小裂隙发生,但裂隙没有贯穿整个顶板厚度,空巷顶板的完整性仍保持较好,没有被完全破坏,因此可以确保工作面从其上方安全通过。

　　而由图 8-2-2 和图 8-2-3 中 4$^{\#}$ 空巷内 1 号测点的位移和压力曲线可知,4 号空巷顶板的变形主要为塑形变形,这是因为 4 号空巷跨度更大,要承担更多工作面顶板作用力。但在工作面通过该空巷过程中,空巷顶板的位移和压力变化非常平缓,说明在此过程中,4$^{\#}$ 空巷的顶板仍有很好的稳定性,足以确保工作面安全通过。而当工作面推过 4$^{\#}$ 空巷后,空巷顶板位移和压力大致呈阶梯状持续增大,每阶梯的跨度约为 15～20 m,这与工作面老顶周期来压步距基本相符。在采空区上覆岩层完全压实之前,老顶的每一次失稳垮断均要引起采空区上覆岩层载荷的重新分配,传递给采空区矸石和底板更大的作用力,当作用在空巷顶板上时会促使空巷顶板发生进一步的塑形破坏,且该作用力远大于工作面支架通过时所产生的力,说明在"煤壁-支架-矸石"所形成的工作面支护系统中,支架只承担上覆岩层一小部分力,大部分力由煤壁和采空区矸石承担。

　　当 9 月 19 日工作面推过 4$^{\#}$ 空巷约 30 m 后,空巷顶板压力迅速升高,此时空巷上方的矸石和破断的上覆岩层基本压实,空巷顶板所承受的作用力逐渐达到最大。因此,在滞后工作面一定距离的采空区内,预期空巷顶板最终仍会发生垮落。

8.3　本章小结

　　① 过空巷期间,工作面机头 5 号至 15 号支架以及机尾 110～120 号支架无安全阀开启,压力显现缓和,20 号至 100 号支架安全

阀开启率平均为 15.2%,其中,40 号至 80 号支架安全阀开启率平均为 23.5%,工作面中部支架安全阀开启率较高,矿压显现较为强烈。底板空巷对上方煤壁和支架具有一定的让压作用,在过 2# 和 4# 平行空巷时,空巷上方煤壁完整性较好,并将顶板压力转移到空巷之外的支架和煤壁,造成空巷之外的 10 个支架范围片帮较为严重。

② 工作面支架带病工作问题比较严重,统计中存在立柱跑漏液现象的支架有 30 号、35 号、50 号、70 号、80 号、90 号支架,占到统计支架的 37.5%,建议平时要加强支架的检修工作。18201 工作面基本顶周期来压步距平均约为 16.2 m,其中上部(机头侧)约为 17 m、中部约为 14.5 m、下部(机尾侧)为 16.5 m。周期来压步距呈现中间小,两端大的规律。

③ 工作面在周期来压期间平均动载系数为 1.21,来压较明显。其中,上部支架的动载系数为 1.15,中部支架动载系数为 1.30,下部支架动载系数为 1.16,中部来压强度大于两端。工作面各支架平均末阻力为 5 970 kN(30 MPa),占额定工作阻力 (8 000 kN) 的 74.62%,支架额定工作阻力得到较好发挥,且留有足够富余量,支架的适应性较好。工作面支架循环末阻力主要分布在 4 000~8 000 kN 范围内,支架循环末阻力的频率分布整体较为合理。

④ 工作面支架实际平均初撑力为 3 883 kN,折合 19.5 MPa,占额定初撑力的 61.6%,低于规定的 80% 要求。工作面支架初撑力主要集中在 3 000~5 000 kN 范围内,约占 60%,初撑力总体分布较为合理,但初撑力位于 5 000~6 000 kN 区间,即达到 25 MPa 以上的部分所占的百分比仅为 16.74%,初撑力合格率仍旧偏低,建议在以后的生产过程中加强初撑力管理。工作面支架工作阻力主要分布在 4 000~6 000 kN 区间范围内,工作阻力频率分布整体呈正态分布,频率分布较为合理,支架具有较好的适应

性。但由于个别支架立柱跑漏液问题较严重,工作阻力在 0～1 000 kN 区间内的频率也较高,这不利于支架支护性能的发挥。

9　主要结论和未来展望

9.1　主要结论

① 长壁采场采空区下的压力显现往往较小,但在进出实体煤区域容易产生压力异常甚至导致压架。煤柱对下部煤层开采压力影响明显,需进行爆破处理。近距离跨空巷回采的工作面,底板巷道基本都进行了良好的支护,巷道稳定性好,为上方工作面的安全回采提供重要保障。大路坡煤矿开采 11^{-2} 煤层与 11^{-3} 煤层为极近距离煤层开采,运用弹塑性理论确定极近距离煤层的判据为:$h_j \leqslant \dfrac{1.57\gamma^2 H^2 L}{4\beta^2 R_c^2}$;运用滑移线场理论确定极近距离煤层的判据为:

$$h_j \leqslant \frac{M\cos\varphi_f \ln\dfrac{k\gamma H + C\cot\varphi}{\xi(p_i + C\cot\varphi)}}{4\xi f\cos(\dfrac{\pi}{4} + \dfrac{\varphi_f}{2})} e^{(\frac{\pi}{4} + \frac{\varphi_f}{2})\tan\varphi_f} \text{。}$$

② 大路坡煤矿 11^{-2} 煤层 4 m 宽 15 m 长煤柱稳定性相对较好,不易破坏失稳。上覆煤柱的危害主要是高应力集中导致下部煤层开采工作面压架和由于下部煤层开采可能导致上覆房柱式采空区产生顶板大面积垮落。大路坡煤矿遗留煤柱在煤柱宽度 6 m,采高 3 m 时(采空 5 m 宽)能够保持稳定,其他情况煤柱两侧塑性变形均产生了连通,均不利于保持煤柱的稳定。回采过程中极易产生大规模覆岩破断,下部工作面支架压架危险增大,上覆坚硬

顶板需要预先爆破处理。工作面前方应力受上覆煤柱影响较大，与煤柱大小和塑性破坏程度关系较大，煤柱越完好，对下部煤层工作面影响越大。

③ 18201 工作面回采造成的底板破坏深度可达 0.75～11 m，0.75 m 范围内底板岩层发生断裂性质破坏，0.75～11 m 范围内底板岩层发生塑性破坏，强度降低但能够保持相对完整。8 上煤层与 8 下煤层的层间距的范围为 1.6～3.1 m，且在空巷的上方还留有约 1.5 m 厚的顶煤，空巷顶板将受到上部 18201 工作面回采的动压影响，并发生断裂性或塑性破坏，但是断裂没有贯穿整个岩层，因此在工作面通过前，所有空巷顶板均能保持完整性。在工作面过空巷过程中，要求空巷区域内支架循环末阻力尽可能不超过 6 365 kN(31 MPa)，并在此过程中对该区域内支架立柱压力实时监测。为保证顶板在空巷期间不会快速下沉，空巷区域以外的支架初撑力要不低于额定初撑力的 80%，即 25 MPa，且在过空巷之前和过空巷之后所有支架均要能够保证初撑力。考虑一定安全系数，数值模拟当中取木垛的支护强度为 0.25 MPa。

④ 采用深孔爆破技术进行大路坡煤矿现场解危，确定上覆煤柱解危尺度目标为不大于 3 m，治理区域为 150 m 宽，600 m 长。区域内划分成 150 m×30 m 的治理块段，每 30 m 进行切顶爆破处理顶板。确定顶板处理高度不低于 15 m，结合具体实际情况，将顶板处理高度提高至 23.4 m，处理步距为 30 m。设计采用综合机械化掘进方案，建议采用连续采煤机掘进，采用 EML340 型连续采煤机，采用双巷掘进，采用四壁锚杆钻机进行快速支护。在空巷未采取支护措施时，从底板位移情况看，靠近机头的 15～25 m 范围位移量偏大。多处区域尤其是底空巷的顶板出现了较大范围的拉应力，位移量偏大的区域两侧出现了拉应力上下连通的情况，若不采取措施，较大范围内将会出现明显的下沉甚至冒落。在空巷采取木垛支护后，底板的破坏范围和位移量有显著减小，应

力分布情况较未采取措施有了明显的改善,拉应力连通区明显减少,底板破坏形式由冒落式向缓慢下沉转变,防止贯通性破坏的发生,保证工作面能够顺利推过。深孔爆破技术适宜大路坡煤矿现场解危,确定上覆煤柱解危尺度目标为不大于 3 m。

⑤ 综采工作面过底板空巷技术方案包括加强空巷木垛支护的稳定性、降低采高,增加空巷顶板厚度、适当降低支架的初撑力和安全阀开启值、空巷内进行矿压显现规律监测、工作面进行矿压显现规律监测、加快工作面推进速度、标注平行空巷位置,一次性通过、加强运输平巷和空巷排水,积水提前疏干、改良采煤工艺,减少机头处采动影响时间、做好应急预案。巷道掘进安全保障技术包括使用 KDZ 巷道超前探测仪、钻孔窥视仪,注浆加固冒落区围岩,编制掘巷超前探放水作业规程,进行巷道矿压监测。通过分析解危区域通风方式、解危速度与自然发火关系,编制火灾监测方案和解危治理块段防灭火措施,设计永久密闭构筑。分析了老空水积水影响,预测矿井涌水量和突水量,编制探放水及防水害措施、治理块段冒顶、水灾、瓦斯爆炸时的避灾路线。

⑥ 过空巷期间,工作面机头 5 号至 15 号支架以及机尾 110 号至 120 号支架无安全阀开启,压力显现缓和,20 号至 100 号支架安全阀开启率平均为 15.2%,其中,40 号至 80 号支架安全阀开启率平均为 23.5%,工作面中部支架安全阀开启率较高,矿压显现较为强烈。底板空巷对上方煤壁和支架具有一定的让压作用,在过 2# 和 4# 平行空巷时,空巷上方煤壁完整性较好,并将顶板压力转移到空巷之外的支架和煤壁,造成空巷之外的 10 个支架范围片帮较为严重。综采工作面支架带病工作问题比较严重,统计中存在立柱跑漏液现象的支架有 30 号、35 号、50 号、70 号、80 号、90 号支架,占到统计支架的 37.5%,建议平时要加强支架的检修工作。18201 工作面基本顶周期来压步距平均约为 16.2 m,其中上部约为 17 m、中部约为 14.5 m、下部为 16.5 m,呈现出周期来压

步距呈现中间小,两端大的规律。

⑦ 工作面在周期来压期间平均动载系数为 1.21,来压显现比较明显。其中,上部支架的动载系数为 1.15,中部支架动载系数为 1.30,下部支架动载系数为 1.16,中部来压强度大于两端。工作面各支架平均末阻力为 5 970 kN(30 MPa),占额定工作阻力(8 000 kN)的 74.62%,支架额定工作阻力得到较好发挥,且留有足够富余量,支架的适应性较好。工作面支架循环末阻力主要分布在 4 000～8 000 kN 范围内,支架循环末阻力的频率分布整体较为合理。工作面支架实际平均初撑力为 3 883 kN,折合 19.5 MPa,占额定初撑力的 61.6%,低于规定的 80% 要求。工作面支架初撑力主要集中在 3 000～5 000 kN 范围内,约占 60%,初撑力总体分布较为合理,但初撑力位于 5 000～6 000 kN 区间,即达到 25 MPa 以上的部分所占的百分比仅为 16.74%,初撑力合格率仍旧偏低,在以后的生产过程中继续加强初撑力管理。工作面支架工作阻力主要分布在 4 000～6 000 kN 区间范围内,工作阻力频率分布整体呈正态分布,频率分布较为合理,支架具有较好的适应性。但由于个别支架立柱跑漏液问题较严重,工作阻力在 0～1 000 kN 区间内的频率也较高,这不利于支架支护性能和良好工况的发挥。

9.2 未来展望

① 所用到的岩石力学参数与现场岩体的具体力学参数有所出入,所以应尽可能在工程现场进行测试并改进测试方法,未能在实验室进行立体模拟相似实验,以后可开展对顶板残留煤柱和底板残留巷道对综采采场围岩变形破坏的大型固液两相三维立体相似模拟实验。

② 得到的诸多公式现场验证较少,计算结果也存在一定误

差,下一步将结合断裂力学和损伤力学深入研究综采采场围岩的大尺度时空蠕变特性规律。只对特定条件下的顶板残留煤柱和底板残留巷道进行了研究,但对复杂地质开采条件下的综采采场的破坏特征、力学解析和工程措施仍需要做进一步研究。

③ 结合非线性学科理论和信息叠加技术建立相应数学模型并开发顶板残留煤柱和底板残留巷道判别模型,开展预平衡大模型和局部采场小模型的多场耦合数值模拟。

参 考 文 献

[1] 钱鸣高,许家林,王家臣.再论煤炭的科学开采[J].煤炭学报,2018,43(01):1-13.

[2] 谢和平,王金华,申宝宏,刘见中,姜鹏飞,周宏伟,刘虹,吴刚.煤炭开采新理念——科学开采与科学产能[J].煤炭学报,2012,37(07):1069-1079.

[3] ApehcBA. Rock and Ground Surface Movements[M]. Beijing:Coal Industry Press,1989.

[4] Helmut kratzsch. Mining Subsidence Engineering[M]. Springer,1983.

[5] H.克拉茨.采动损害及其防护[M].北京:煤炭工业出版社,1984.

[6] Qian Ming Gao. A study of the behavior of overlying strata in longwall mining and its application to strata control[C]. Proceedings of the Symposium on Strata Mechanics. Elsevier Scientific Publishing Company,1982:13-17.

[7] 钱鸣高,李鸿昌.采场上覆岩层活动规律及其对矿山压力的影响[J].煤炭学报,1982(2):1-8.

[8] 钱鸣高.采场上覆岩层岩体结构模型及其应用[J].中国矿业学院学报,1982(2):1-11.

[9] 钱鸣高,李鸿昌.孔庄矿上行开采的研究[J].中国矿业学院学报,1982(2):12-24.

[10] 宋振骐.实用矿山压力与控制[M].徐州:中国矿业大学出版社,1995.

[11] 邹喜正.对压力拱假说的新解释[J].矿山压力与顶板管理,1989(1):67-68.

[12] 曹树刚.采场围岩复合拱力学结构探讨[J].重庆大学学报,1989(1):72-78.

[13] 古全忠,史元伟,齐庆新.放顶煤采场顶板运动规律[J].矿山压力与顶板管理,1995(3):76-80.

[14] 钱鸣高,缪协兴,许家林,等.岩层控制的关键层理论[M].徐州:中国煤炭出版社,2003.

[15] 许家林.岩层移动与控制的关键层理论及其应用[D].徐州:中国矿业大学,1999.

[16] 尹大伟,陈绍杰,邢文彬,黄冬梅,刘兴全.不同加载速率下顶板-煤柱结构体力学行为试验研究[J].煤炭学报,2018,43(05):1249-1257.

[17] 刘简宁.残留煤柱下急斜煤层顶板破坏过程中能量演化特征研究[D].西安:西安科技大学,2018.

[18] 陈绍杰,尹大伟,张保良,马宏发,刘兴全.顶板–煤柱结构体力学特性及其渐进破坏机制研究[J].岩石力学与工程学报,2017,36(07):1588-1598.

[19] 王涛,由爽,裴峰,白兴平.坚硬顶板条件下临空煤柱失稳机制与防治技术[J].采矿与安全工程学报,2017,34(01):54-59,66.

[20] 王平虎,陕建龙.晋城矿区残留煤复采工作面顶板及煤柱稳定性研究[J].煤炭科学技术,2017,45(08):37-41,59.

[21] 王兆会,程占博."两硬"条件下孤岛型短煤柱工作面顶板破断形态及灾害防治分析[J].岩石力学与工程学报,2016,35(S2):4018-4028.

［22］陈建君. 厚硬顶板特厚煤层孤岛煤柱应力集中程度及错层防冲研究［D］. 徐州：中国矿业大学，2016.

［23］许兴亮，魏灏，田素川，张蓓. 综放工作面煤柱尺寸对顶板破断结构及裂隙发育的影响规律［J］. 煤炭学报，2015，40（04）：850-855.

［24］薛俊华，段昌瑞. 直覆厚硬顶板无煤柱留巷技术［J］. 煤炭学报，2014，39（S2）：378-383.

［25］李振雷，窦林名，王桂峰，蔡武，何江，丁言露. 坚硬顶板孤岛煤柱工作面冲击特征及机制分析［J］. 采矿与安全工程学报，2014，31（04）：519-524.

［26］解兴智. 浅埋煤层房柱式采空区顶板-煤柱稳定性研究［J］. 煤炭科学技术，2014，42（07）：1-4，9.

［27］汪锋，许家林，谢建林，郭杰凯，刘栋林. 基于采动应力边界线的顶板巷道保护煤柱留设方法［J］. 煤炭学报，2013，38（11）：1917-1922.

［28］刘正和，赵阳升，弓培林，胡耀青，吕兆兴. 回采巷道顶板大深度切缝后煤柱应力分布特征［J］. 煤炭学报，2011，36（01）：18-23.

［29］贺广零，黎都春，翟志文，唐光寅. 采空区煤柱-顶板系统失稳的力学分析［J］. 煤炭学报，2007（09）：897-901.

［30］刘洋，石平五. 长壁留煤柱支撑法开采顶板结构分析及应用［J］. 采矿与安全工程学报，2007（02）：248-252.

［31］刘洋，石平五，张壮路. 长壁留煤柱支撑法开采"顶板-煤柱"结构分析［J］. 西安科技大学学报，2006（02）：161-166.

［32］秦四清，王思敬. 煤柱-顶板系统协同作用的脆性失稳与非线性演化机制［J］. 工程地质学报，2005（04）：437-446.

［33］赵继涛，周明弘，黄成麟，孙洪峰，王业繁，刘英. 孤岛煤柱回采渡旧巷时矿压显现特点与顶板管理［J］. 矿山压力与顶板

管理,2003(S1):77-79.

[34] 赵建明.顶板煤柱动态性观测方法与分析[J].矿山压力与顶板管理,2003(02):59-61,63.

[35] 张开智,郭周克,程秀洋,张金元,夏均民.坚硬顶板煤柱稳定性实测分析[J].煤炭科学技术,2002(04):12-15.

[36] 徐曾和,徐小荷,陈忠辉.粘弹性顶板岩层下煤柱岩爆的尖点突变与滞后[J].力学与实践,1996(03):47-50.

[37] 徐曾和,徐小荷,唐春安.坚硬顶板下煤柱岩爆的尖点突变理论分析[J].煤炭学报,1995(05):485-491.

[38] 谢广祥,李家卓,王磊,唐永志.采场底板围岩应力壳力学特征及时空演化[J].煤炭学报,2018,43(01):52-61.

[39] 刘伟韬,穆殿瑞,谢祥祥,张伟,原登亮.倾斜煤层底板采动应力分布规律及破坏特征[J].采矿与安全工程学报,2018,35(04):756-764.

[40] 张培森,魏杰,王文苗,安羽枫,武守鑫.含水层上工作面回采诱发顶底板破坏及应力演化规律试验研究[J].中国煤炭,2018,44(05):41-45.

[41] 陈绍杰,刘兴全,马宏发,陈兵.顶底板岩性对条带煤柱应力及塑性区影响研究[J].矿业研究与开发,2018,38(04):71-74.

[42] 黄琪嵩,程久龙.软硬互层岩体采场底板的应力分布及破坏特征研究[J].岩土力学,2017,38(S1):36-42.

[43] 黄琪嵩,程久龙.软硬互层岩体采场底板的应力分布及破坏特征研究[J].岩土力学,2017,38(S1):36-42.

[44] 张培森,赵亚鹏,张明光,武守鑫,马如庆,阚忠辉.大倾角断层下煤层开采诱发顶底板及附近含水层应力变化规律的试验研究[J].山东科技大学学报(自然科学版),2017,36(06):60-65.

[45] 刘伟韬,申建军,贾红果.深井底板采动应力演化规律与破坏特征研究[J].采矿与安全工程学报,2016,33(06):1045-1051.

[46] 高召宁,孟祥瑞,郑志伟.采动应力效应下的煤层底板裂隙演化规律研究[J].地下空间与工程学报,2016,12(01):90-95.

[47] 许磊,张海亮,耿东坤,李博.煤柱底板主应力差演化特征及巷道布置[J].采矿与安全工程学报,2015,32(03):478-484.

[48] 冯强,蒋斌松.基于积分变换采场底板应力与变形解析计算[J].岩土力学,2015,36(12):3482-3488.

[49] 宋力,宋春杰,樊成,张云杰.非均布水压作用下采动煤层底板渗流与应力耦合破坏数值模拟[J].大连大学学报,2015,36(03):36-40.

[50] 鲁海峰,姚多喜.采动底板层状岩体应力分布规律及破坏深度研究[J].岩石力学与工程学报,2014,33(10):2030-2039.

[51] 王连国,韩猛,王占盛,欧苏北.采场底板应力分布与破坏规律研究[J].采矿与安全工程学报,2013,30(03):317-322.

[52] 鲁海峰,姚多喜,梁修雨,郭立全,沈丹.采动底板横观各向同性岩体应力解析解[J].地下空间与工程学报,2013,9(05):1050-1056.

[53] 许海涛,李永军,康庆涛.基于 FLAC 采场底板应力-应变本构关系研究[J].中国矿业,2013,22(11):63-65,83.

[54] 张玉东,许进鹏.不同采留比条带开采底板应力特征研究[J].矿业安全与环保,2012,39(02):15-18.

[55] 翟茂兵,李永明,孙占成.急倾斜煤层充填开采底板应力分布和岩移控制[J].煤炭工程,2012(12):81-84.

[56] 张华磊,王连国.采动底板附加应力计算及其应用研究[J].采矿与安全工程学报,2011,28(02):288-292,297.

[57] 高召宁,孟祥瑞,李英明.煤层底板采动应力效应及其力学作

用机制研究[J].安全与环境学报,2011,11(04):201-205.

[58] 孟祥瑞,徐铖辉,高召宁,王向前.采场底板应力分布及破坏机理[J].煤炭学报,2010,35(11):1832-1836.

[59] 卢爱红,张连英.水平构造应力对煤层底板突水的影响分析[J].采矿与安全工程学报,2010,27(03):395-398.

[60] 张文彬.综采放顶煤工作面底板应力及其破坏深度分析[J].煤炭科学技术,2010,38(12):17-21.

[61] 尹会永,魏久传,郭建斌,朱鲁,翟培合,施龙青,徐建国.应力作用下煤层底板关键隔水层渗透性分析[J].煤炭工程,2009(10):74-76.

[62] 朱术云,姜振泉,姚普,肖为国.采场底板岩层应力的解析法计算及应用[J].采矿与安全工程学报,2007(02):191-194.

[63] 李海梅,关英斌,杨大兵.邯邢地区煤层底板应力分布的相似材料模拟分析[J].矿业安全与环保,2007(06):24-25,28.

[64] 赵连涛,于旭磊,刘启蒙,胡戈.煤层底板岩石全应力-应变渗透性试验[J].煤田地质与勘探,2006(06):37-40.

[65] 肖远见,李美海,周定武.开采层底板岩层的应力分布实验及探讨[J].矿业安全与环保,2005(05):28-31,89.

[66] 郑纲,门玉明,靳德武.水压致裂技术测试底板岩体张开型临界应力强度因子[J].煤田地质与勘探,2004(01):43-45.

[67] 李家祥.原岩应力与煤层底板隔水层阻水能力的关系[J].煤田地质与勘探,2000(04):47-49.

[68] 张百胜.极近距离煤层开采围岩控制理论及技术研究[D].太原:太原理工大学,2008.

[69] 侯志鹰,王家臣.大同矿区"三硬"条件地表沉陷数值模拟[J].煤炭学报,2007(03):235-238.

[70] 胡守平,李纯宝.坚硬顶板塌陷机理探讨[J].山东煤炭科技,2008(06):86-87.

[71] 黄庆国,赵军. 大同矿区地表沉陷类型及成因初探[J]. 煤炭科学技术,2008(09):92-94,109.

[72] 陈刚. 神东矿区浅埋深薄基岩下柱式体系采煤法工作面布置参数优化研究[D]. 阜新:辽宁工程技术大学,2005.